国家示范院校重点建设专业

水利水电建筑工程专业课程改革系列教材

水利工程识图实训

◎ 主　编　沈　刚　毕守一

◎ 副主编　黄百顺　杨晓红　刘军号

◎ 主　审　王传荣

U0212324

中国水利水电出版社
www.waterpub.com.cn

内 容 提 要

本教材是国家示范院校重点建设专业——水利水电建筑工程专业课程改革系列教材之一。本教材分两篇：第1篇为水利工程图识图常识，第2篇为水利工程图识图实训。其中第2篇由7个工作任务组成，分为闸类、坝类、泵站、渡槽与倒虹吸、农桥、跌水、堤。

本教材适用于高职院校水利水电建筑工程、水利工程、水文水资源工程、给水排水、城市水利、水土保持、治河与防洪等专业的教学，并可用于成人专科学校同类专业教学，还可供相关专业技术人员参考。

图书在版编目（CIP）数据

水利工程识图实训 / 沈刚，毕守一主编. -- 北京：
中国水利水电出版社，2010.3（2021.8重印）
（国家示范院校重点建设专业、水利水电建筑工程专业课程改革系列教材）
ISBN 978-7-5084-7320-8

Ⅰ．①水… Ⅱ．①沈… ②毕… Ⅲ．①水利工程－工程制图－识图法－高等学校－教材 Ⅳ．①TV222.1

中国版本图书馆CIP数据核字(2010)第039521号

书　名	国 家 示 范 院 校 重 点 建 设 专 业 水利水电建筑工程专业课程改革系列教材 **水利工程识图实训**
作　者	主　编　沈　刚　毕守一 副主编　黄百顺　杨晓红　刘军号 主　审　王传荣
出版发行	中国水利水电出版社 （北京市海淀区玉渊潭南路1号D座　100038） 网址：www.waterpub.com.cn E-mail：sales@waterpub.com.cn 电话：(010) 68367658（营销中心）
经　售	北京科水图书销售中心（零售） 电话：(010) 88383994、63202643、68545874 全国各地新华书店和相关出版物销售网点
排　版	中国水利水电出版社微机排版中心
印　刷	清淞永业（天津）印刷有限公司
规　格	370mm×260mm　横8开　11.5印张　280千字
版　次	2010年3月第1版　2021年8月第6次印刷
印　数	12501—15500 册
定　价	**42.00元**

前　　言

本教材是国家示范院校重点建设专业——水利水电建筑工程专业的课程改革成果之一。根据改革实施方案和课程改革的基本思想，结合安徽省人才需求的具体情况，构建了以工作过程为导向的人才培养方案。根据改革实施方案和课程改革的基本思想，通过分析一般水利水电建筑工程从规划、设计、施工和运行管理的工作过程，结合岗位要求和职业标准，将原学科体系进行解构，对工作中所需要的识读水工图的知识、能力和素质进行强化，形成了水利工程识图实训的工作任务。该工作任务主要涉及原学科体系中的《水利工程 CAD 制图》、《水工建筑物》、《泵站》等课程的相关知识。

本教材注重真实工作场景与过程，体现水工专业人才的需求。在编写过程中，突出了"以就业为导向、以岗位为依据、以能力为本位"的思想；体现两个育人主体、两个育人环境的本质特征；明确了在校内实训中心的仿真实训场中完成实训任务和目标。依托真实的工作情境，配以适量的综合实训任务，注重学生的职业能力的训练和个性培养，坚持学生知识、能力、素质协调发展，力求实现学生由"会干"向"能干"的转变。教学过程"以教师演示为主"向"以学生动手实作为主"转变，理论和实践分开教学向二者融于工作过程教学转变。通过七个实训单元（包括若干个案例），该实训总学时 32 个。

本教材是根据《水利工程 CAD 制图》理论教材配套而编制；本实训教材主要由 7 个工作任务组成，分别为识读闸类工程图、识读坝类工程图、识读泵站工程图、识读渡槽与倒虹吸工程图、识读农桥工程图、识读跌水工程图、识读堤类工程图。每一工作任务由若干个案例构成，供学生在学习完理论知识的情况下，加强实践性学习。提高对理论知识的理解。

本教材由安徽水利水电职业技术学院沈刚、毕守一任主编并统稿，由黄百顺、杨晓红、刘军号任副主编，由安徽省水安金彩置业有限公司王传荣副总经理任主审。全书共 7 个实训工作任务，由以下人员完成：安徽水利水电职业技术学院毕守一、黄百顺完成第 1 篇；安徽水利水电职业技术学院沈刚、刘军号、杨晓红完成第 2 篇。

本教材在编写过程中，得到专业建设团队的领导和全体老师的大力协助，并提出了许多宝贵意见，学院及教务处领导也给予了大力支持，同时得到安徽省水利建筑有限公司和安徽省水利建筑安装有限公司技术骨干的积极参与和大力帮助，在此表示最诚挚的感谢。

本教材在编写中引用了大量的规范、专业文献和资料，恕未在书中一一注明。在此，对有关作者表示诚挚的谢意。

本教材的内容体系的构建还有很多不妥之处，且作者水平有限，不足之处在所难免，恳请广大师生和读者对书中存在的缺点和疏漏，提出批评指正，编者不胜感激。

编者

2010 年 2 月

目　　录

前言

第 1 篇　水利工程图识图常识 …………………………… 1

1.1　水利水电制图标准 ………………………………… 1
　　1.1.1　图纸幅面及格式 ………………………………… 1
　　1.1.2　图线 ………………………………………………… 2
　　1.1.3　字体 ………………………………………………… 2
　　1.1.4　尺寸标注 …………………………………………… 3
　　1.1.5　比例 ………………………………………………… 3

1.2　水利工程图的常用图示方法 ……………………… 4
　　1.2.1　水利工程图的基本表示法 ……………………… 4
　　1.2.2　水利工程图的特殊表示法 ……………………… 5
　　1.2.3　水利工程图中曲面表示法 ……………………… 7
　　1.2.4　水利工程图中结构尺寸表示法 ………………… 7

1.3　常见水工建筑物的结构常识 ……………………… 9
　　1.3.1　水工建筑物中的（涵）闸类常设结构的名称和作用 ……………………………………………… 9
　　1.3.2　水工建筑物中的坝类常设结构的名称和作用 … 10
　　1.3.3　水工建筑物中泵站常设结构的名称和作用 …… 14
　　1.3.4　水工建筑物中渡槽与倒虹吸常设结构的名称和作用 ……………………………………… 16
　　1.3.5　水工建筑物中跌水与陡坡常设结构的名称和作用 ………………………………………… 17

1.4　钢筋混凝土结构图 ………………………………… 18
　　1.4.1　钢筋与混凝土的基本知识 ……………………… 18
　　1.4.2　钢筋混凝土结构图 ……………………………… 18
　　1.4.3　钢筋图平面整体标注方法 ……………………… 19

第 2 篇　水利工程图识图实训 …………………… 21

2.1　水利工程图的分类 ………………………………… 21
　　2.1.1　工程规划示意图 ………………………………… 21
　　2.1.2　枢纽布置图 ……………………………………… 21
　　2.1.3　水工建筑物结构图 ……………………………… 21
　　2.1.4　施工图 …………………………………………… 21
　　2.1.5　竣工图 …………………………………………… 21

2.2　水利工程图的识图方法 …………………………… 21

2.3　水利工程图的识图（实例）实训 ………………… 22
　　2.3.1　工作任务 1——闸类 …………………………… 22
　　2.3.2　工作任务 2——坝类 …………………………… 35
　　2.3.3　工作任务 3——泵站 …………………………… 52
　　2.3.4　工作任务 4——渡槽与倒虹吸 ………………… 65
　　2.3.5　工作任务 5——农桥 …………………………… 69
　　2.3.6　工作任务 6——跌水 …………………………… 71
　　2.3.7　工作任务 7——堤 ……………………………… 78

2.4　学生工作任务书 …………………………………… 82
　　2.4.1　闸类实训工作任务书 …………………………… 82
　　2.4.2　学生工作任务书 ………………………………… 82
　　2.4.3　学生工作任务书 ………………………………… 83
　　2.4.4　学生工作任务书 ………………………………… 83
　　2.4.5　学生工作任务书 ………………………………… 84
　　2.4.6　学生工作任务书 ………………………………… 84
　　2.4.7　学生工作任务书 ………………………………… 85

第1篇 水利工程图识图常识

1.1 水利水电制图标准

工程图样是工程界的技术语言，为了便于生产和进行技术交流，使绘图与读图有一个共同的准则，就必须在图样的画法、尺寸标注及采用的符号等方面制定统一的标准。本书采用的是我国1993年颁布的国家标准《技术制图》及1995年由水利部颁布的《水利水电工程制图标准》（SL 73—95）。

1.1.1 图纸幅面及格式

1. 图纸幅面

图纸幅面是指图纸本身的大小规格，简称图幅。为了便于图纸的保管与合理利用，制图标准对图纸的基本幅面作了规定，具体尺寸见表1.1。

表 1.1　　　　　　　　基本幅面及图框尺寸

幅面代号	A0	A1	A2	A3	A4
幅面尺寸（宽×长）（mm×mm）	841×1189	594×841	420×594	297×420	210×297
周边尺寸 e	20			10	
周边尺寸 c	10			5	
周边尺寸 a	25				

由表1.1可以看出，沿上一号幅面图纸的长边对折，即为下一号幅面图纸的大小。图幅在应用时若面积不够大，根据要求允许在基本幅面的短边成整数倍加长，具体尺寸参照国标GB/T 50001—2001的规定执行。同一项工程的图纸，不宜多于两种幅面。

2. 图框格式

无论用哪种幅面的图纸绘制图样，均应先在图纸上用粗实线绘出图框，图形只能绘制在图框内。图框格式分为非装订式和装订式两种，非装订式的图纸，其图框格式如图1.1所示；装订式的图纸，其图框格式如图1.2所示；图框周边尺寸见表1.1。

3. 标题栏

图样中的标题栏（简称图标）是图样的重要内容之一，每张图纸都必须画出标题栏。标题栏画在图纸右下角，外框线为粗实线，内部分格线为细实线，如图1.3所示。A0、A1图幅可采用如图1.3（a）所示标题栏；A2～A4图幅可采用如图1.3（b）所示标题栏。

4. 会签栏

会签栏是供各工种设计负责人签署单位、姓名和日期的表格。会签栏的内容、格式和尺寸如图1.4（a）所示，会签栏一般宜在标题栏的右上角或左下角，如图1.4（b）、（c）所示。不需会签的图纸，可不设会签栏。

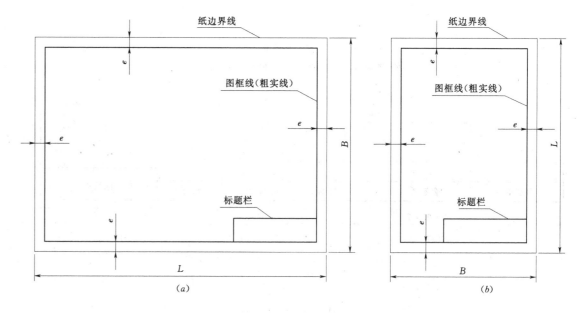

图 1.1　非装订式图框

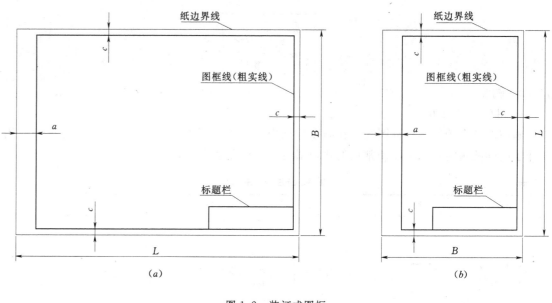

图 1.2　装订式图框

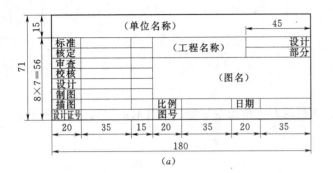

图 1.3 标题栏

(a) 标题栏（A0、A1）；(b) 标题栏（A2～A4）

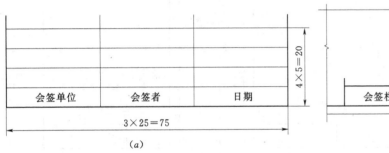

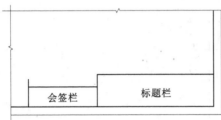

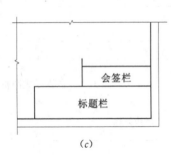

图 1.4 会签栏

1.1.2 图线

1. 图线及其应用

画在图纸上的线条统称图线。在制图标准中对各种不同图线的名称、型式、宽度和应用都作了明确的规定，水工图中常用的几种图线线型和用途见表 1.2。

表 1.2 　　　　图线线型和用途

序号	图线名称	线 型	线宽	一 般 用 途
1	粗实线		b	(1) 可见轮廓线； (2) 钢筋； (3) 结构分缝线； (4) 材料分界线； (5) 断层线； (6) 岩性分界线

序号	图线名称	线 型	线宽	一 般 用 途
2	虚线		b/2	(1) 不可见轮廓线； (2) 不可见结构分缝线； (3) 原轮廓线； (4) 推测地层界限
3	细实线		b/3	(1) 尺寸线和尺寸界限； (2) 剖面线； (3) 示坡线； (4) 重合剖面的轮廓线； (5) 钢筋图的构件轮廓线； (6) 表格中的分格线； (7) 曲面上的素线； (8) 引出线
4	点划线		b/3	(1) 中心线； (2) 轴线； (3) 对称线
5	双点划线		b/3	(1) 原轮廓线； (2) 假想投影轮廓线； (3) 运动构件在极限或中间位置的轮廓线
6	波浪线		b/3	(1) 构件断裂处的边界线； (2) 局部剖视的边界线
7	折断线		b/3	(1) 中断线； (2) 构件断裂处的边界线

2. 水工图中常见图例

水利工程中使用的建筑材料类别很多，剖视图与剖面图时，必须根据建筑物所用的材料画出建筑材料图例，称剖面材料符号，以区别材料类别，方便施工。常见建筑材料图例见表 1.3。

1.1.3 字体

图样中除了绘制图线外，还要用汉字填写标题栏与说明事项；用数字标注尺寸；用字母注各种代号或符号。制图标准对图样中的汉字、数字和字母的大小及字型作出规定，并要求书写时必须做到：字体工整、笔画清楚、间隔均匀、排列整齐。

字体的大小以字号表示，字号就是字体的高度。图样中字体的大小应依据图幅、比例等情况从制图标准中规定的下列字号系列中选用：2.5mm、3.5mm、5mm、7mm、10mm、14mm、20mm。

1. 汉字

汉字应尽可能书写成长仿宋体，并采用国家正式公布实施的简化字，字高不应小于 3.5mm，字宽一般为字高的 0.7 倍。

表 1.3

常用建筑材料图例

材料		符号	说明	材料	符号	说明
水、液体			用尺画水平细线	岩基		用尺画
自然土壤			徒手绘制	夯实土		斜线为45°细实线，用尺画
混凝土			石子带有棱角	钢筋混凝土		斜线为45°细实线，用尺画
干砌块石			石缝要错开，空隙不涂黑	浆砌块石		石缝间空隙涂黑
卵石			石子无棱角	碎石		石子有棱角
木材	纵纹		徒手绘制	砂、灰、土、水泥砂浆		点为不均匀的小圆点
	横纹					
金属			斜线为45°细实线，用尺画	塑料、橡胶及填料		斜线为45°细实线，用尺画

2. 数字和字母

数字和字母可以写成直体，也可以写成与水平线成75°的斜体。工程图样中常用斜体，但与汉字组合书写时，则宜采用直体。

1.1.4 尺寸标注

图样除反应物体的形状外，还需注出物体的实际尺寸，以作为工程施工的依据。尺寸标注是一项十分重要的工作，必须认真仔细，准确无误，严格按照制图标准中的有关规定。如果尺寸有遗漏或错误，将会给施工带来困难和损失。

尺寸标注的原则：正确、齐全、清晰、合理。

1. 尺寸组成

完整的尺寸包括四个要素：尺寸界线、尺寸线、尺寸起止符号和尺寸数字，如图 1.5 所示。

图样中标注的尺寸单位，除标高、桩号及规划图、总布置图的尺寸以 m 为单位外，其余尺寸均以 mm 为单位，图中不必说明。若采用其他尺寸单位时，则必须在图纸中加以说明。

2. 常见尺寸标注方法

(1) 直线段的尺寸标注如图 1.6 所示。

(2) 角度的尺寸标注如图 1.7 所示。

(3) 圆和圆弧的尺寸标注如图 1.8 所示。

1.1.5 比例

工程建筑物的尺寸一般都很大，不可能都按实际尺寸绘制，所以用图样表达物体时，需选用适当的比例将图形缩小。而有些机件的尺寸很小，则需要按一定比例放大。

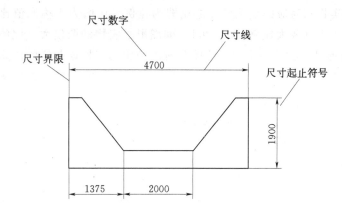

图 1.5 尺寸标注的样式

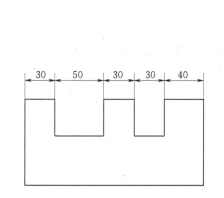

图 1.6 直线段的尺寸标注

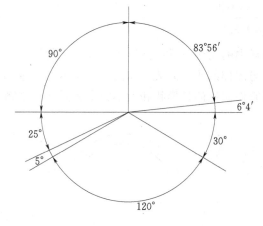

图 1.7 角度的尺寸标注

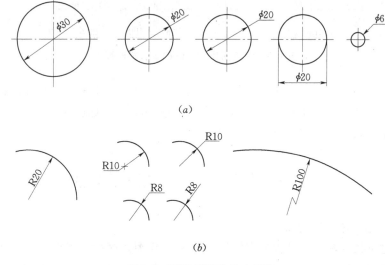

(a)

(b)

图 1.8 圆和圆弧的尺寸标注

图样中图形与实物相对应的线性尺寸之比即为比例。比值为1称原值比例，即图形与实物同样大；比值大于1称放大比例，如2：1，即图形是实物的两倍大；比值小于1称缩小比例，如1：2，即图形是实物的一半大。绘图时所用的比例应根据图样的用途和被绘对象的复杂程度，采用表1.4中《水利水电工程制图标准》（SL 73—95）规定的比例，并优先选用表中常用比例。

表1.4 水利工程制图规定比例

种类	选用	比例		
原值比例	常用比例	1：1		
放大比例	常用比例	2：1	5：1	$(10 \times n)$：1
	可用比例	2.5：1		4：1
缩小比例	常用比例	$1：10n$	$1：2 \times 10n$	$1：5 \times 10n$
	可用比例	$1：1.5 \times 10n$	$1：2.5 \times 10n$	$1：3 \times 10n$	$1：4 \times 10n$

注 n 为正整数。

图样中的比例只反应图形与实物大小的缩放关系，图中标注的尺寸数值应为实物的真实大小，与图样的比例无关。如图1.9所示，三个图形比例不同，但是标注的尺寸数字完全相同，即它们表达的是形状和大小完全相同的一个物体。

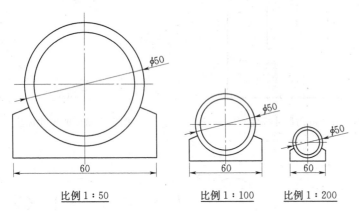

图1.9 用不同比例绘制的涵管横断面

平面图1：500 或 平面图/1：500

图1.10 比例的注写

当整张图纸中只用一种比例时，应统一注写在图标内。否则应分别注写在相应图名的右侧或下方，如图1.10所示。比例的字高应比图名的字高小一号。

1.2 水利工程图的常用图示方法

1.2.1 水利工程图的基本表示法

表达水工建筑物及其施工过程的图样称为水利工程图，简称水工图。水工图的内容包括水工图分类、视图、尺寸标注、图例符号和技术说明等，它是反映设计思想、指导工程施工的重要技术资料。水工图的表达方法分为：基本表达方法、规定画法和习惯画法。

1.2.1.1 基本表达方法

1. 视图名称及作用

（1）平面。6个基本视图中的俯视图在水工图中称为平面图。平面图表达建筑物的平面形状及布置，表明建筑物的平面尺寸（长、宽）及平面高程、剖视（面）图的剖切位置及投影方向，如图1.11所示。

（2）立面图。6个基本视图中的主视图、左视图、右视图、后视图可称为立面图（或立视图）。视向顺水流方向的视图可称为上游立面图（或立视图）；视向逆水流方向的视图可称为下游立面图（或立视图）。立面图表达建筑物的立面外形，如图1.11所示。

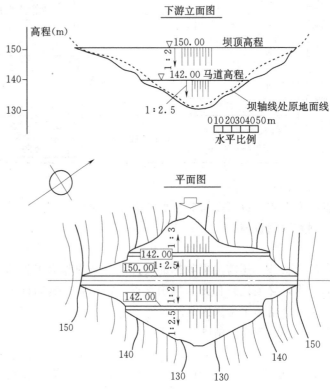

图1.11 平面图和立面图

（3）剖视图。剖切平面顺水流方向或平行于建筑物轴线所得的视图，称为纵剖视图（或纵剖面图）。剖切平面逆水流方向或垂直于建筑物轴线所得的视图，称为横剖视图（或横剖面图）。剖视图表达建筑物的内部结构形状及位置关系，表达建筑物的高度尺寸及特征水位，表达地形、地质情况及建筑材料，如图1.12所示。

（4）剖面。剖面图表达建筑物组成部分的断面形状及建筑材料。

（5）详图。将物体的部分结构用大于原图形所用比例画出的局部图形称为详图。详图一般应标注，其形式为：在被放大部分用细实线画小圆圈，标注字母。详图用相同的字母标注其图名，并注写比例。详图可以画成视图、剖视图、剖面图，它与被放大部分的表达方式无关。必要时，详图可用一组（两个或两个以上）视图来表达同一个被放大部分的结构，如图1.13所示。

纵剖视图

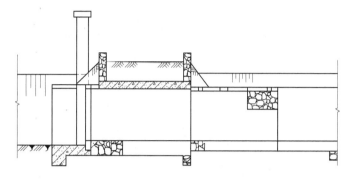

图 1.12　剖视图

土坝横断面图 1 : 1000

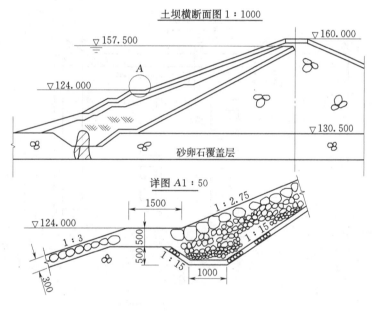

▽157.500　　　　　　　　　　　▽160.000

▽124.000

▽130.500

砂卵石覆盖层

详图 A 1 : 50

1500

▽124.000

1500

1 : 2.75

1 : 15

1 : 15

1 : 3

500

500

300

1 : 15

1000

图 1.13　详图

1.2.1.2　视图配置和标注

视图应尽可能按投影关系配置。有时为了合理利用图纸，也可将某些视图不按投影关系配置，对于大而复杂的建筑物，可以将某一视图单独画在一张图纸上。

为了看图方便每个视图一般均应标注图名，图名统一注在视图的上方，并在图名的下边画一条粗实线，长度以图名长度为准。

1.2.2　水利工程图的特殊表示法

1.2.2.1　规定画法和习惯画法

1. 合成视图

两个视向相反的视图（或剖视图、剖面图），如果是对称成基本对称的图形，可采用各画

一半，用点画线为界限，合成一个图形，并分别注写相应的图名。其优点是减少图纸幅面、节省绘图工作量，如图 1.14 所示。

上、下游立视图

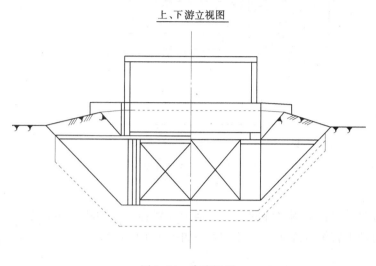

图 1.14　合成视图

2. 展开画法

当构件或建筑物的轴线（或中心线）为曲线时，可以将曲线展开成直线后，绘制成视图（或剖视、剖面）。这时，应在图名后注写"展开"二字，或写成"展视图"，如图 1.15 所示。

A－A(展开)

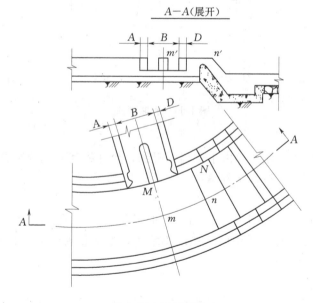

图 1.15　展开画法

3. 分层画法

当结构有层次时，可按其构造层次分层绘制。相邻层用波浪线分界，并用文字注写各层结构的名称，如图 1.16 所示。

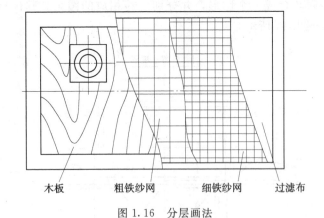

木板　　粗铁纱网　　细铁纱网　　过滤布

图 1.16　分层画法

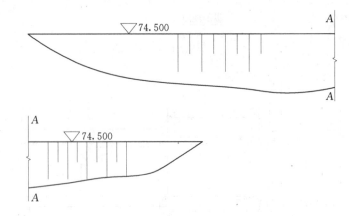

图 1.18　连接画法

4. 省略画法

当图形对称时，可以只画对称的一半，但须在对称线上加注对称符号，对称符号为对称线两端与之垂直的平行线（细实线）各两条，如图 1.17 所示。

平面图

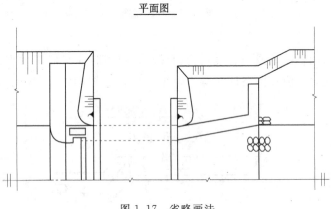

图 1.17　省略画法

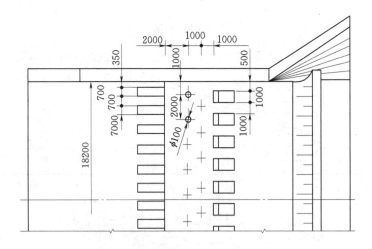

图 1.19　简化画法

5. 连接画法

结构较长又需要画出全长时，由于受幅面限制，允许将其分成两部分绘制，再用连接符号表示相连，并用大写汉语拼音字母编号，如图 1.18 所示。

6. 简化画法

当不影响图样表达时，根据不同设计阶段和实际需要，视图或剖视图中某些次要结构和附属设备可以省略不画。对图样中的一些细小结构，当其有规律地分布时，可以简化绘制，如图 1.19 所示中的排水孔。

7. 拆卸画法

当视图、剖视图中所要表达的结构被另外的结构或填土遮挡时，可假想将其拆掉或掀去，然后再进行投影，如图 1.20 所示。

8. 断开画法

较长构件，当沿长度方向的形状一致，或按一定的规律变化时，可用断开画法绘制，如图 1.21 所示。

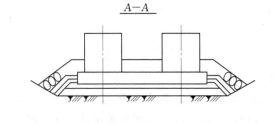

图 1.20　拆卸画法

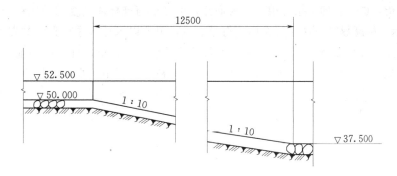

图 1.21 断开画法

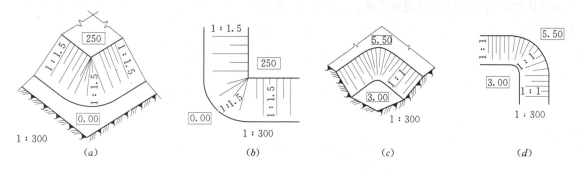

图 1.24 锥面的应用

1.2.3 水利工程图中曲面表示法

在水工设计中,为了考虑水流的平顺和影响,改善建筑物受力条件,以及结构表面的很好衔接。常采用柱面、锥面、扭曲面、渐变面等曲面来进行衔接,

(1) 柱面与锥面。常设置在工程迎水面,结构表面衔接,如桥墩、翼墙等,如图 1.22、图 1.23、图 1.24 所示。常采取示坡线表示法和素线表示法。

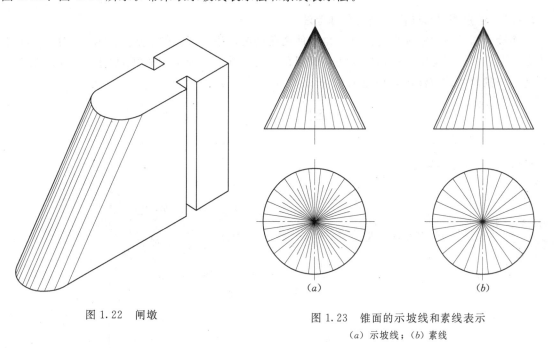

图 1.22 闸墩

图 1.23 锥面的示坡线和素线表示
(a) 示坡线;(b) 素线

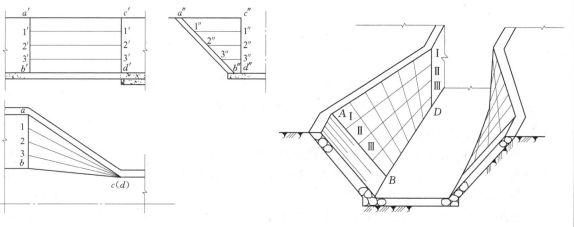

图 1.25 扭曲面的素线表示   图 1.26 扭曲面的工程实用

(2) 扭曲面。常设置在工程表面的平顺过渡,如图 1.26 所示。一般采用素线表示法表示,如图 1.25 所示。

(3) 渐变面。常设置在工程断面的平顺过渡,如图 1.26 所示。一般采用素线表示法表示,如图 1.27 所示。

1.2.4 水利工程图中结构尺寸表示法

1.2.4.1 一般规定

(1) 水工图中标注的尺寸单位,标高、桩号、总布置图以 m 为单位,流域规划图以 km

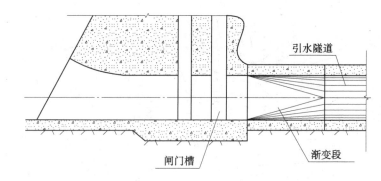

图 1.27 渐变面的工程实用

(2) 水工图中尺寸标注的详细程度,应根据各设计阶段的不同和图样表达内容的不同而定。

1.2.4.2 平面尺寸的注法

水工建筑物在地面的位置是以所选定的基准点或基准线进行放样定位的。基准点的平面是根据测量坐标来确定,两个基准点相连即确定了基准线的平面位置。一般来说,若建筑物在长度或宽度方向为对称形状，则以对称轴线为尺寸基准。若建筑物某一方向无对称轴线时，则以建筑物的主要结构端面为基准，如图 1.28 所示。

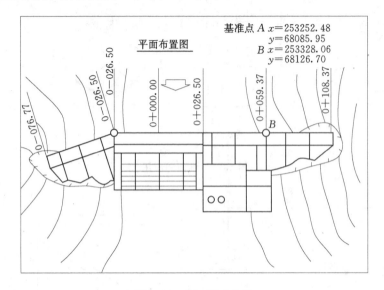

图 1.28　平面尺寸注法

1.2.4.3　长度尺寸的注法

对于坝、隧洞、渠道等较长的水工建筑物，沿轴线的长度方向一般采用"桩号"的注法，标注形式为 K+M，K 为公里数，M 为米数。起点桩号为 0+000，起点桩号之前注成 K−M 为负值，起点桩号之前为 K+M 为正值。桩号数字一般垂直于轴线方向注写，且标注在同一侧。当轴线为折线时，转折点的桩号数字应重复标注。当同一图中几种建筑物均采用"桩号"进行标注时，可在桩号数字前加注文字以示区别，如图 1.29 所示。

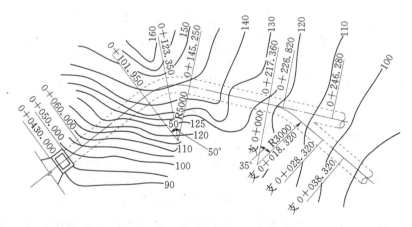

图 1.29　桩号注法

1.2.4.4　高度尺寸的标注

建筑物立视图和垂直方向的剖视图、断面图中的主要高度常标注高程。
高程符号一般采用等腰直角三角形，用细实线绘制，其高度 h 约为数字高的 2/3。标高符号

尖端可以向下指，也可以向上指，根据需要而定，但必须与被标注高度的轮廓线或引出线接触，如图 1.30 所示。标高数字一律注写在标高符号右边，单位以米计，注写到小数点后第三。在总布置图中，可注写到小数点第二位。零点标高注成 +−0.000，正数标高数字前一律不加"+"号，负数标高数字前必须加注"−"号，如 −0.300。在平面图中，高程符号为在细实线框内注写高度数字，其形式如图 1.30 所示。高度尺寸的基准为测量水准面，而高度尺寸的基准可采用主要设计高程（如图 1.31 中的 86.50，83.20 等）为基准，或按施工要求选取基准。

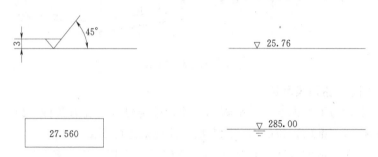

图 1.30　高程符号画法

1.2.4.5　连接圆弧与非圆曲线的尺寸标注

连接圆弧要注出圆弧所对的圆心角，使夹角的两边指向圆弧的端点和切点，如图 1.31 中的 B、A 点。但根据施工放样的需要，圆弧的圆心、半径、切点和圆弧两端的高程以及它们长度方向的尺寸均应注出，如图 1.31 所示。

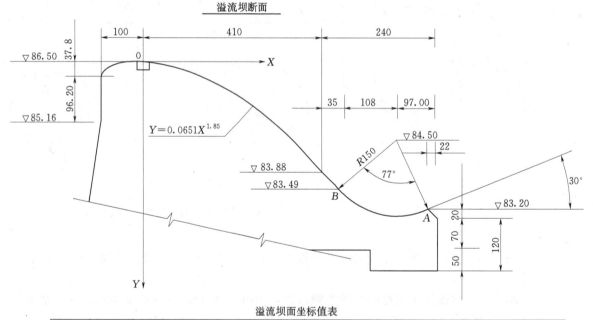

溢流坝面坐标值表

X	1	2	3	4	5	6	7	8	9	10	11
Y	0.062	0.235	0.496	0.846	1.270	1.790	2.315	3.040	3.790	5.490	6.475

图 1.31　圆弧、非圆曲线尺寸标注

1.2.4.6 坡度尺寸的注法

坡度是指直线上两点的高度差与水平距离的比。坡度的标注方式一般采用 1：L 表示，如图 1.32 所示。当坡度较缓时，坡度可用百分数表示，如 $I = n\%$。此时在相应的图中应画出箭头，以表示下坡方向，如图 1.32 所示。

平面的坡度是用平面上的最大坡度线（即示坡线）的坡度表示。标注方法及示坡线画法如图 1.32 所示。

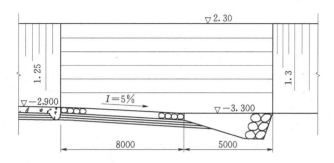

图 1.32　坡度尺寸标注

1.2.4.7 多层结构的尺寸注法

多层结构的尺寸常用引出线引出标注。画引出线时，必须垂直通过被引的各层，文字说明和尺寸数字应按结构的层次注写，如图 1.33 所示。

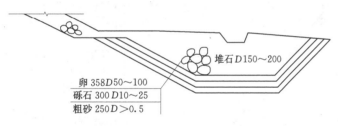

图 1.33　多层结构标注

1.2.4.8 均匀分布相同构件或构造尺寸注法

均匀分布的相同构件或构造，其尺寸可按图 1.34 所示方法标注，尺寸数字和孔的数量直

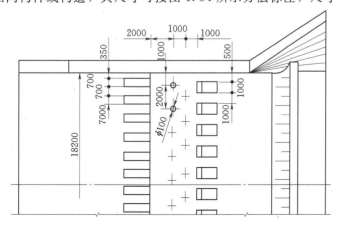

图 1.34　相同构造、构件尺寸标注

接注在图上。

必须指出：把水工建筑物某一方向的分段尺寸全部注出，又标注出总尺寸，这样就形成了封闭尺寸，为了施工方便，水工图中允许标注封闭尺寸。

当一个建筑物的几个视图不能画在同一张图纸上，或在同一张图纸上但几个视图离得很远，不易找到其相应的尺寸时，为了读图方便，允许标注重复尺寸。总之，水工建筑物的尺寸标注必须满足施工要求。

1.3　常见水工建筑物的结构常识

1.3.1　水工建筑物中的（涵）闸类常设结构的名称和作用

1. 上、下游翼墙

过水建筑物如溢洪道、水闸、船闸等的进出口处两侧的导水墙称翼墙。其常见形式有圆柱面翼墙、扭曲面翼墙和斜墙式翼墙。

上游翼墙的作用是引导水流平顺地进入闸室；下游翼墙的作用是将出闸水流均匀地扩散，使水流平稳，减少冲刷，如图 1.35 所示。

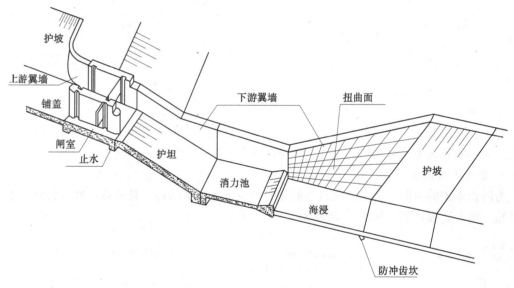

图 1.35　水闸轴测图

2. 铺盖

它是铺设在上游河床之上的一层保护层，紧靠闸室和坝体。铺盖的作用是减少渗透，保护上游河床，提高闸、坝的稳定性。

3. 护坦及消力池

经闸、坝流下的水具有很大的冲击力，为防止下游河床受冲刷，保证闸、坝的安全，在紧接闸坝的下游河床上，常用钢筋混凝土做成消力池。消力池的底板称护坦，上设排水孔，用以排出闸、坝基的渗透水，降低底板所承受的渗透压力。

4. 海漫及防冲槽（或防冲齿坎）

经消力池流出的水仍有一定的能量，因此常在消力池后的河床上再铺设一段块石护底，用以保护河床和继续消除水流能量，这种结构称海漫。海漫末端设防冲槽或防冲齿坎，是为了保护紧接海漫段的河床免受冲刷破坏。

5. 廊道

廊道是在混凝土坝内或船闸闸首中，为了灌浆、排水、输水、观测、检查及交通等要求而设置的结构，如图1.36所示。

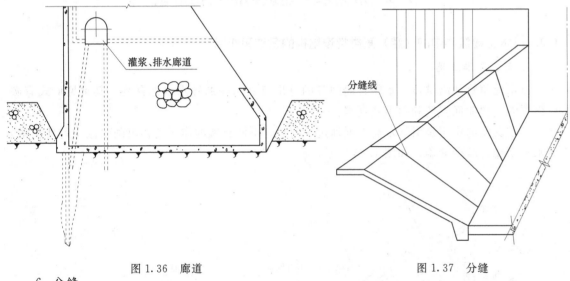

图1.36　廊道　　　　　　　图1.37　分缝

6. 分缝

对于较长的或大体积的混凝土建筑物，为防止因温度变化或地基不均匀沉陷而引起的断裂现象，一般要人为地设置结构分缝（伸缩缝或沉陷缝），如图1.37所示。

7. 分缝中的止水

为防止水流的渗漏，在水工建筑物的分缝中应设置止水结构，其材料一般为金属止水片、油毛毡、沥青、麻丝等，如图1.38所示。

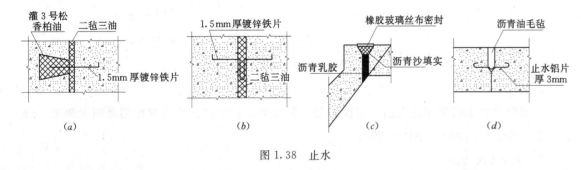

图1.38　止水

1.3.2　水工建筑物中的坝类常设结构的名称和作用

1.3.2.1　重力坝的组成部分与结构

重力坝是指用混凝土或浆砌石修筑的大体积挡水建筑物。其常见构造如图1.39～图1.52

所示。按结构类型分为实体重力坝、宽缝重力坝、空腹重力坝等；按是否过顶泄水分溢流坝和非溢流坝；按材料分为混凝土坝和砌石坝等。

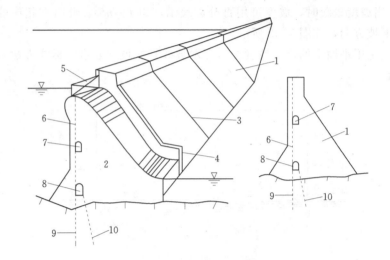

图1.39　重力坝示意图

1—非溢流重力坝；2—溢流重力坝；3—横缝；4—导墙；5—闸门；6—坝内排水管；7—检修、排水廊道；8—基础灌浆廊道；9—防渗帷幕；10—坝基排水孔

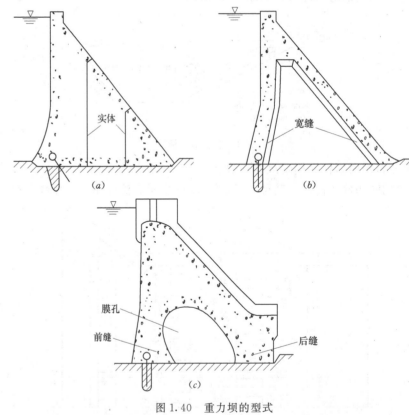

图1.40　重力坝的型式

(a) 实体重力坝；(b) 宽缝重力坝；(c) 空腹重力坝

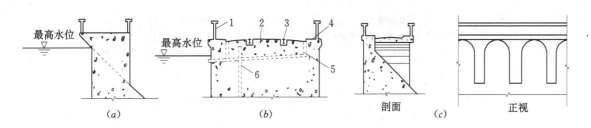

图 1.41 坝顶结构布置

1—防浪墙；2—路面；3—起重机轨道；

4—人行道；5—坝顶排水管；6—坝体排水管

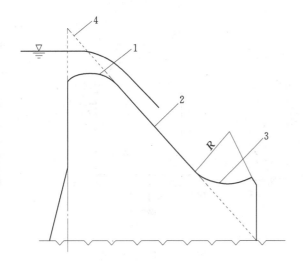

图 1.42 溢流坝剖面图

1—顶部溢流段；2—直线段；3—反弧段；4—基本剖面

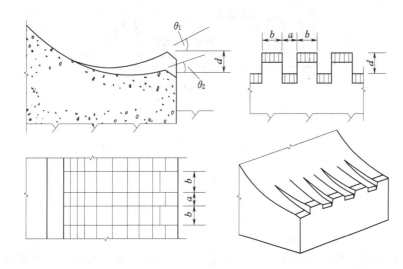

图 1.43 差动式挑流鼻

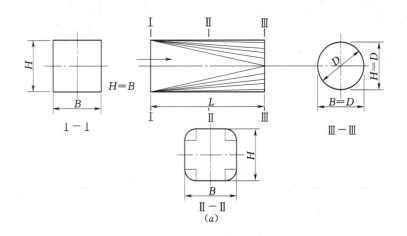

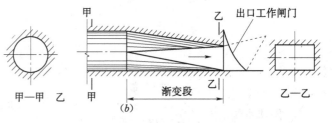

图 1.44 深式泄水孔渐变段

(a) 进口渐变段；(b) 出口渐变段

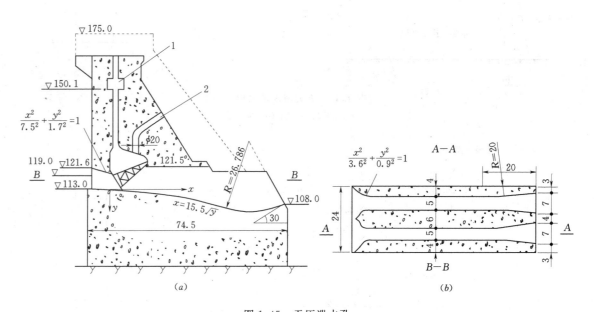

图 1.45 无压泄水孔

(a) 启闭机廊道；(b) 通气孔

11

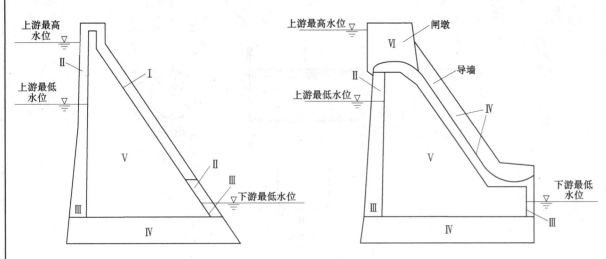

图 1.46　坝体混凝土分区图

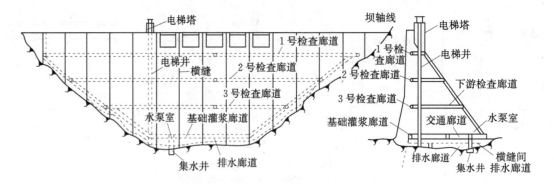

图 1.49　廊道系统

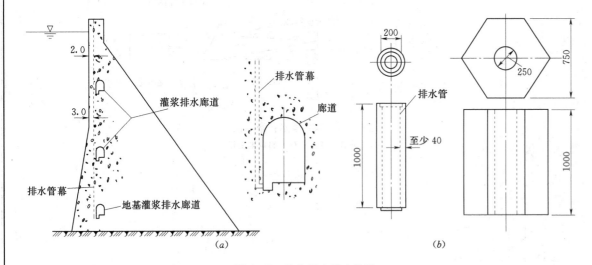

图 1.47　重力坝内排水构造
(a) 坝内排水系统；(b) 排水管

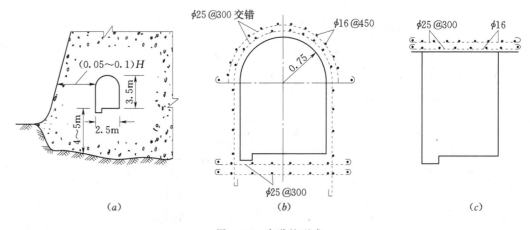

图 1.50　廊道的型式

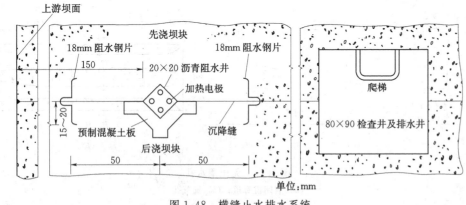

单位：mm

图 1.48　横缝止水排水系统

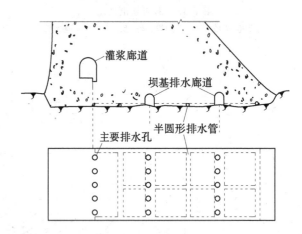

图 1.51　坝基排水系统

1.3.2.2　土石坝的组成部分与结构

土石坝是指利用土料、石料或土石混合料，经过抛填、碾压等方法堆筑而成的挡水建筑物，主要由坝体、坝顶、护坡和排水等结构组成。如图 1.53～1.62 所示。

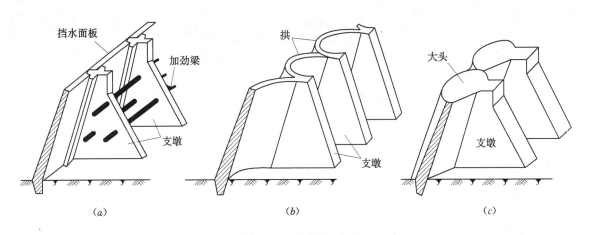

图 1.52　支墩坝的型式

(a) 平板坝；(b) 连拱坝；(c) 大头坝

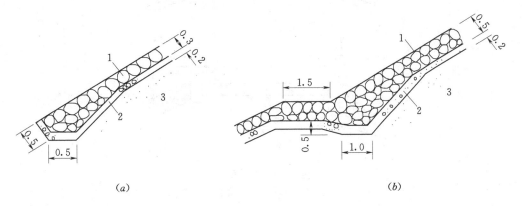

图 1.53　干砌石护坡

1—干砌石；2—垫层；3—坝体

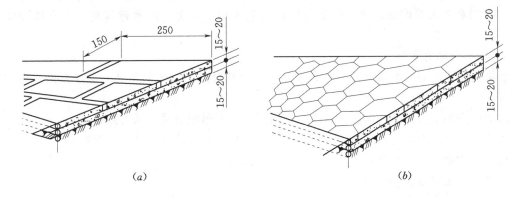

图 1.54　混凝土板护坡

(a) 矩形板；(b) 六角形板

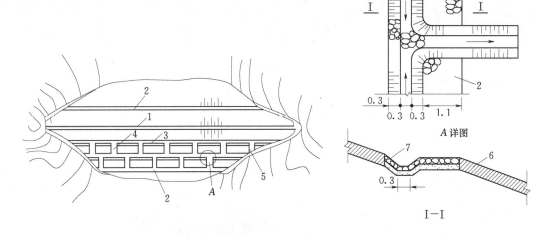

图 1.55　坝坡排水

1—坝坡；2—马道；3—纵向排水沟；4—横向排水沟；
5—岸坡排水沟；6—草皮护坡；7—浆砌石排水沟

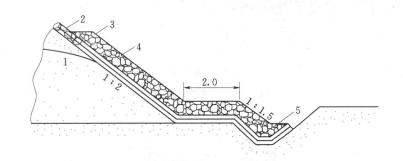

图 1.56　贴坡排水图

1—浸润线；2—护坡；3—反滤层；4—排水体；5—排水沟

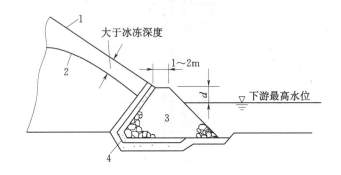

图 1.57　堆石棱体排水

1—下游坝坡；2—浸润线；3—棱体排水；4—反滤层

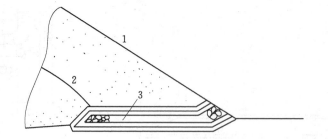

图 1.58 褥垫式排水
1—坝体；2—集水管；3—横向排水管

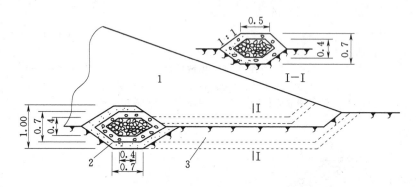

图 1.59 管式排水
1—护坡；2—浸润线；3—排水体

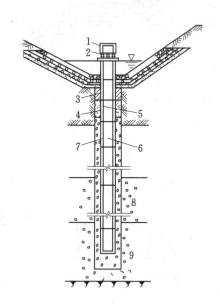

图 1.60 减压井
1—井帽；2—钢丝出水口；3—回填混凝土；
4—回填砂；5—上升管；6—穿孔管；
7—反滤料；8—砂砾石；9—砂卵石

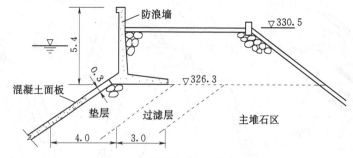

图 1.61 堆石坝坝顶构造

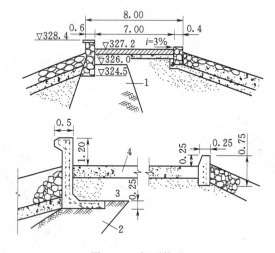

图 1.62 坝顶构造
1—心墙；2—斜墙；3—回填土；4—路面

1.3.3 水工建筑物中泵站常设结构的名称和作用

将水由低处抽提至高处的机电设备和建筑设施的综合体。机电设备主要为水泵和动力机（通常为电动机和柴油机），辅助设备包括充水、供水、排水、通风、压缩空气、供油、起重、照明和防火等设备。建筑设施包括进水建筑物、泵房、出水建筑物、变电站和管理用房等。

1.3.3.1 水泵站的分类

水泵站按用途分为灌溉泵站、排水泵站、排灌结合泵站、供水泵站、加压泵站、多功能泵站等。

按能源分为电力泵站、内燃机泵站、水力泵站、太阳能泵站、风力泵站等。

按能否移动分为固定式泵站、半固定式泵站和移动式泵站（即泵车、泵船）。

按主泵类型分为离心泵站、轴流泵站和混流泵站等。

按设计总流量或受益面积分为大、中、小型泵站。

水泵站一般在下列情况下兴建：①采用自流灌排不可能或不经济；②需机电提水与自流引水相结合；③为城镇供水和解决人畜饮水；④采用机压喷灌或滴灌；⑤抽水蓄能和跨流域引水等。

1.3.3.2 泵站枢纽工程的组成

泵站枢纽工程包括引水建筑物、取水建筑物、进水建筑物、泵房、出水建筑物等，如图 1.63 所示。

（1）进水建筑物。前池和进水池。

（2）泵房。泵房的结构型式很多，按泵房能否移动分为固定式泵房和移动式泵房两大类。固定式泵房按基础结构又分为分基型、干室型、湿室型和块基型四种结构型式。移动式泵房根据移动方式的不同分为浮船式和缆车式两种类型。如图 1.64～图 1.67 所示。

（3）出水建筑物。出水建筑物有出水池和压力水箱两种结构形式。如图 1.68、图 1.69 所示。

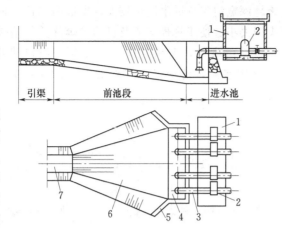

图 1.63　前池和进水池示意图
1—泵房；2—机组；3—进水管；4—进水池；
5—翼墙；6—前池；7—引渠

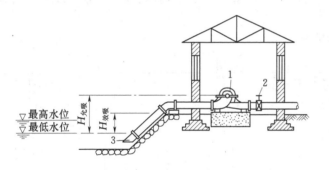

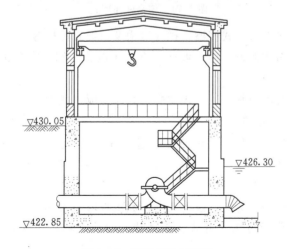

图 1.64　分基型泵房
1—水泵；2—闸阀；3—吸水喇叭口

图 1.65　矩形干室型泵房

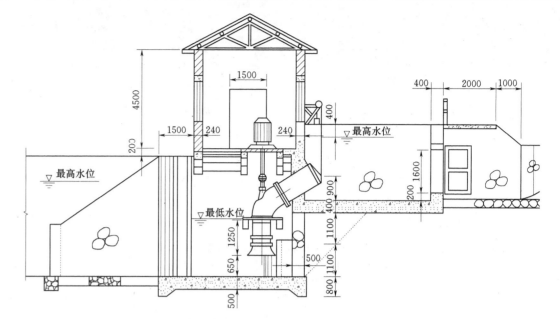

图 1.66　墩墙式湿室型泵房

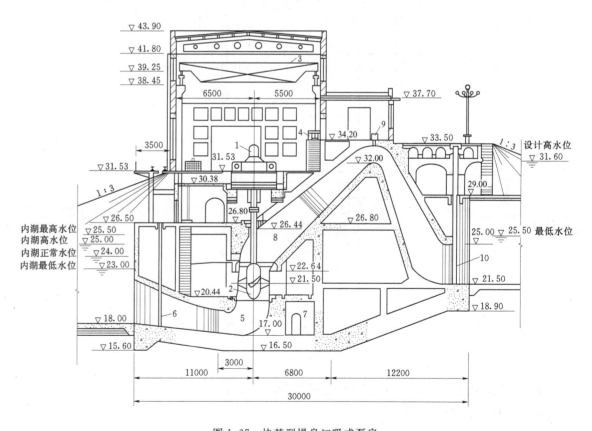

图 1.67　块基型堤身虹吸式泵房
1—主电动机；2—主水泵；3—桥式吊车；4—高压开关柜；5—进水流道；
6—检修闸门；7—排水廊道；8—出水流道；9—真空破坏阀；10—备用防洪闸门

15

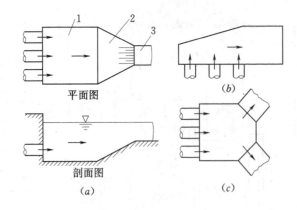

图 1.68　正向和侧向出水池示意图

(a) 正向出水池；(b) 侧向出水；(c) 多向出水池

1—出水池；2—过渡段；3—干渠

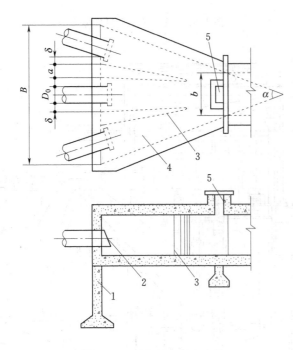

图 1.69　正向出水压力水箱

1—支架；2—出水口；3—隔墩；
4—压力水箱；5—进入孔

1.3.4　水工建筑物中渡槽与倒虹吸常设结构的名称和作用

1.3.4.1　渡槽的作用与组成

渡槽是渠道跨越河渠、道路、山谷等的架空输水建筑物，又简称为过水桥，如图 1.70 所示。渡槽不仅能够输送渠水，还可以供排洪、排沙、通航和导流等之用。渡槽一般适用于渠

道跨越深宽河谷且洪水流量较大，渠道跨越广阔滩地或洼地等情况。它与倒虹吸管相比具有水头损失小、便于管理运用及可通航等优点，是交叉建筑物中采用最多的一种型式。

渡槽由槽身、支承结构、基础及进出口建筑物等部分组成。渠道通过进出口建筑物与槽身相连接，槽身置于支承结构上，槽身重及槽中水重通过支承结构传给基础，再传至地基。

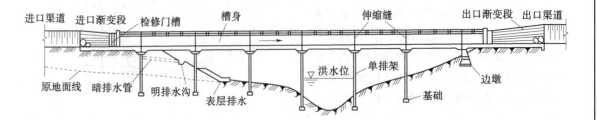

图 1.70　渡槽结构示意图

渡槽的类型，一般是指槽身及其支承结构的类型。因为槽身及支承结构的类型较多，按槽身断面型式分类，主要有 U 形槽、矩形槽及抛物线形槽等，如图 1.71 所示。

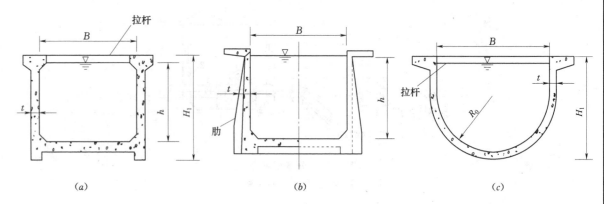

图 1.71　槽身断面型式

按支承结构分类，主要有梁式渡槽、拱式渡槽及桁架式渡槽等。

按所用材料分类，有木渡槽、砖石渡槽、混凝土渡槽、钢筋混凝土渡槽、钢丝网水泥渡槽等。

按施工方法不同，有现浇整体式、预制装配式及预应力渡槽。

1.3.4.2　倒虹吸管作用与组成

倒虹吸管，属于交叉建筑物，是指设置在渠道与河流、山沟、谷地、道路等相交叉处的压力输水管道。其管道的特点是两端与渠道相接，而中间向下弯曲。与渡槽相比，具有结构简单、造价较低、施工方便等优点。

倒虹吸管的组成：一般分为进口段、管身段和出口段三大部分。

倒虹吸管的类型通常可分为竖井式、斜井式、曲线式和桥式四种类型，如图 1.72～图 1.75 所示。

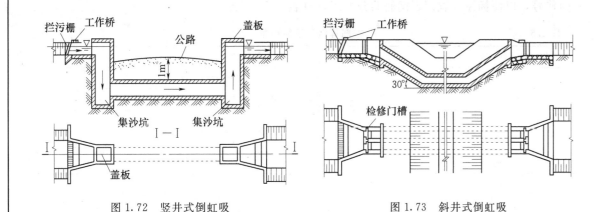

图 1.72 竖井式倒虹吸

图 1.73 斜井式倒虹吸

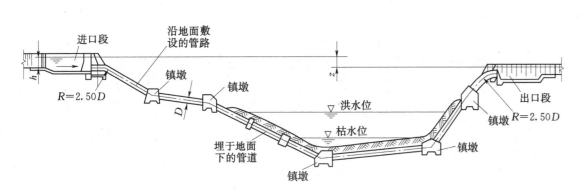

图 1.74 曲线式倒虹吸

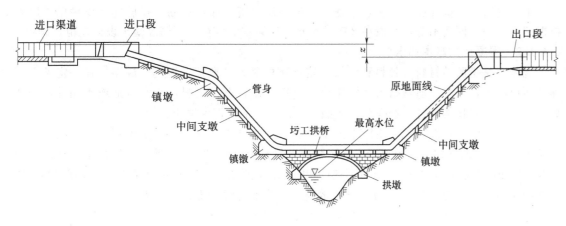

图 1.75 桥式倒虹吸

倒虹吸管进（出）口段的组成：进口段的组成，主要由渐变段、进水口、拦污栅、闸门、工作桥、沉沙池及退水闸等部分，如图 1.76 所示。出口段包括出水口、闸门、消力池和渐变段等，其布置型式与进口段相似，如图 1.76 所示。

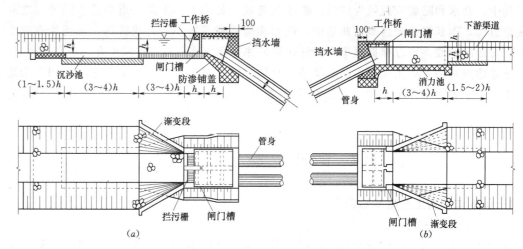

图 1.76 倒虹吸进（出）口段的组成示意

1.3.5 水工建筑物中跌水与陡坡常设结构的名称和作用

落差建筑物的型式，通常有跌水、陡坡、斜管式跌水和跌井式跌水 4 种，如图 1.77 所

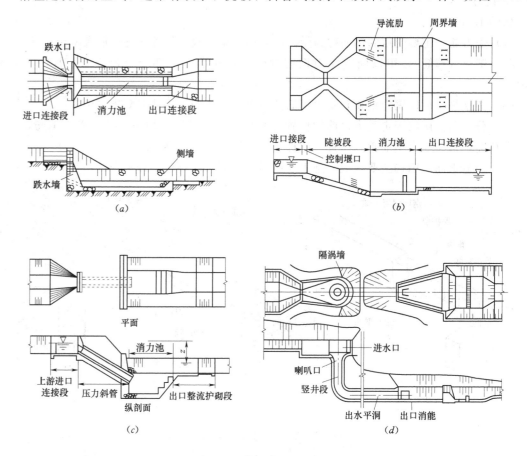

图 1.77 落差建筑物的型式

（a）单级跌水；（b）陡坡；（c）斜管式跌水；（d）竖井式跌水

示。其中，跌水和陡坡应用最为广泛。跌水与陡坡，是指上、下游渠道高低不同部位之间的连接建筑物，因其将水流落差在此集中，故亦称落差建筑物。这种建筑物一般适用在渠道通过地面过陡的地段，可以保持渠道的设计比降，并且避免过高填方或深挖方。

落差建筑物的主要用途：①调整渠道的纵坡，满足渠道不冲不淤的要求；②用于渠道上的排洪、泄水和退水建筑物中；③充分利用集中落差水流位能，修建小型水电站或水力加工站。

1.4 钢筋混凝土结构图

1.4.1 钢筋与混凝土的基本知识

1.4.1.1 钢筋的基本知识

在混凝土中，按照结构受力情况，需配置一定数量的钢筋以增强其抗拉能力，这种由混凝土和钢筋两种材料制成的构件称为钢筋混凝土结构。用来表示这类结构的外部形状和内部钢筋配置情况的图样，称为钢筋混凝土结构图，简称钢筋图。

1. 钢筋分类

如图 1.78 所示。

（1）受力筋。主要受拉的钢筋称为受力筋，用于梁、板、柱等各种钢筋混凝土构件。

（2）钢箍（箍筋）。用以固定受力钢筋的位置，并承受一部分斜拉应力，常用于梁和柱内。

（3）架立筋。用以固定钢箍和受力钢筋的位置，一般用于钢筋混凝土梁中。

（4）分布筋。用以固定受力钢筋的位置，并将构件所受外力均匀传递给受力钢筋，以改善受力情况，常与受力钢筋垂直布置。此种钢筋常用于钢筋混凝土板中。

（5）构造钢筋。因构造要求或者施工安装需要而配置的钢筋，如吊环等。

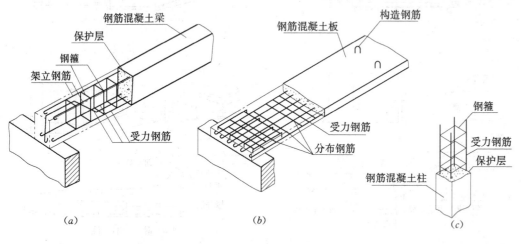

图 1.78 钢筋种类

2. 钢筋的等级

在钢筋混凝土结构设计规范中，对国产建筑用钢筋，按其产品强度等级不同，分别给予不同代号，以便标注及识别。钢筋共分五级，见表 1.5。

表 1.5   钢筋等级和直径符号

钢筋种类	符号	钢筋种类	符号
Ⅰ级钢筋	Φ	冷拉Ⅰ级钢筋	Φ^l
Ⅱ级钢筋	Φ	冷拉Ⅱ级钢筋	Φ^l
Ⅲ级钢筋	Φ	冷拉Ⅲ级钢筋	Φ^l
Ⅳ级钢筋	Φ	冷拉Ⅳ级钢筋	Φ^l
Ⅴ级钢筋	Φ^b	5号钢筋	Φ

3. 钢筋的弯钩

光面钢筋为了加强其与混凝土的凝结力，一般在钢筋两端做成弯钩，避免钢筋在受拉时滑动。弯钩的觉形式及画法如图 1.79 所示。

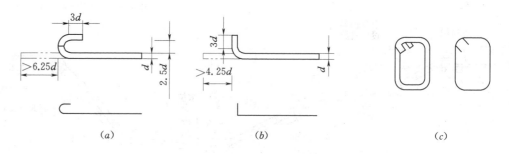

图 1.79 钢筋的弯钩
(a) 半圆弯钩；(b) 直弯钩；(c) 钢箍的弯钩

4. 钢筋的保护层

由钢筋边缘到构件表面这一层混凝土叫保护层，用于保护钢筋不受腐蚀。保护层的厚度根据结构薄厚不同而不等，一般在 20～50mm，具体数值可查《钢筋混凝土设计规范》确定。

1.4.1.2 混凝土的基本知识

混凝土是指胶结材料、骨料和水按一定比例配制，经搅拌、振捣、成型，在一定条件下养护而成的人造石材。通常指由水泥作胶凝材料，砂、石作集料，与水（加或不加外加剂和掺合料）按一定比例配合，经搅拌、成型、养护而得的水泥混凝土。

混凝土的强度：混凝土主要用于抗压，混凝土的抗压强度是通过实验得出的，我国采用边长为 150mm 的立方体作为混凝土抗压强度的标准尺寸试件。《混凝土结构规范》规定以边长为 150mm 的立方体在 (20 ± 3)℃的温度和相对湿度在 95% 以上的潮湿空气中养护 28d，依照标准实验方法测得的具有 95% 保证率的抗压强度作为混凝土强度等级。

按照《混凝土结构设计规范》规定，混凝土强度分为 14 个等级，即：C15，C20，C25，C30，C35，C40，C45，C50，C55，C60，C65，C70，C75，C80（混凝土强度等级采用符号 C 与抗压强度标准值 N/mm^2 或 MPa 表示）。

水泥强度与水灰比、集料、龄期、养护温度和湿度为混凝土强度影响因素。

1.4.2 钢筋混凝土结构图

钢筋混凝土结构图是加工钢筋和浇筑钢筋混凝土构件施工的依据。其图样包括钢筋布置图、钢筋成型图和钢筋明细表等。

1.4.2.1 钢筋布置图

钢筋布置图除表达构件的形状、尺寸大小以外，主要是表明构件内部钢筋的分布情况，因此常采用剖视图（也称立面图），必要时也可采用半剖、阶梯剖或者局部剖等画法。画图时，构件的轮廓线用细实线，而钢筋则用粗实线，以突出表示钢筋，钢筋断面画黑圆点表示，不画混凝土材料图例。

在表达钢筋布置情况时需要画几个视图，应根据构件及钢筋布置的复杂程度而定，如图1.80所示钢筋混凝土梁的钢筋布置，只画出立面图和断面图即可表达清楚。

在钢筋布置图中，为了区别各种类型和不同直径的钢筋，规定对钢筋应加以编号，每类钢筋（指规格、直径、形状、尺寸都相同的钢筋为一类）只编一个号。

钢筋编号的顺序：一般梁类为先受力筋、架立筋然箍筋；板类为先受力筋后分布筋，且按垂直方向自下至上，水平方向自左至右顺序标注。

编号字体规定采用阿拉伯数字，编号注写在直径 6mm 的细实线小圆内，用引线指到相应的钢筋上，圆圈和引出线均为细实线。指向钢筋的引出线画箭头（也可用 45° 斜线或省略），指向钢筋断面小黑圆点的引出线不画箭头，如图 1.80 所示。

钢筋的标注应包括钢筋的编号、数量、直径、间距代号、间距及所在位置，通常应沿钢筋的长度标注，或标注在有关钢筋的引出线上。@$n\phi d$：@为钢筋编号，n 为钢筋根数，ϕ 为钢筋直径及种类的符号，d 为钢筋直径。例如④2ϕ16，其中④表示钢筋的编号为4，2 根 Ⅰ级钢筋，钢筋直径为 16mm。@$\phi d@s$：@为钢筋间距的代号，s 为钢筋间距。例如：④ϕ6@200，其中④表示钢筋的编号为 4，Ⅰ级钢筋，钢筋直径为 6mm，@为钢筋等间距代号，钢筋间距为 200mm。

1.4.2.2 钢筋成型图

钢筋成型图是表明构件每种钢筋加工成型后的形状和尺寸的图形。图上直接标注钢筋各部分的实际尺寸，并注明钢筋的编号、根数、直径以及单根钢筋的断料长度，以便加工，如图 1.80 所示。

钢筋成型图中，钢箍尺寸一般指内皮尺寸；弯起钢筋的弯起高度一般指外皮尺寸。

1.4.2.3 钢筋明细表

钢筋明细表就是将构件中每种钢筋的编号、简图、规格、直径、长度及根数等内容列成表格的形式，可用作备料、加工以及作为材料预算的依据。

钢筋图是水工建筑设计图纸中的主要组成部分。为了提高绘图效率和图面质量，使图样简明易读，生产实践中对钢筋图的画法做了很多改进，根据《水利水电工程制图标准》规定，将钢筋图常用的简化画法介绍如下：

（1）型号、直径、长度和间隔距离完全相同的钢筋，可以只画出第一根和最后一根钢筋的全长，用标注的方法表示其根数、直径和间隔距离。

（2）型号、直径和长度都相同，而间隔距离不相同的钢筋，可以只画出第一根和最后一根钢筋的全长，中间用粗短线表示其位置，用标注的方法表明钢筋的根数、直径和间隔距离。

（3）当构件的断面形状、尺寸大小和钢筋布置均相同，仅钢筋编号不同时，可采用一个标准图表达。

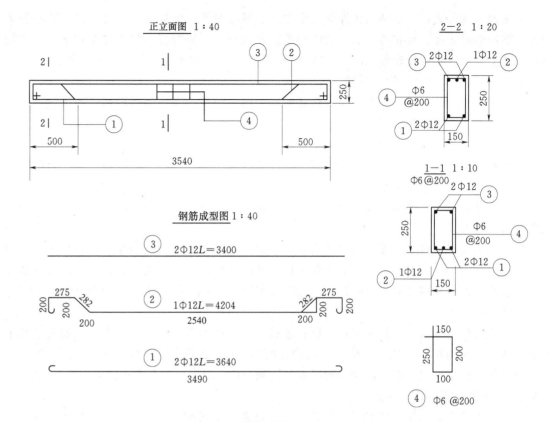

钢筋明细表

钢筋编号	直径(mm)	简　图	长度(mm)	根数	总长(m)	总重(kg)	备注
1	12		3460	2	7.280	7.41	
2	12		402	1	4.204	4.45	
3	12		3490	2	6.980	4.31	
4	6		650	18	1.700	2.60	

图 1.80　梁的钢筋图

（4）钢筋的型式和规格相同，而其长度不同且呈有规律性的变化时，这组钢筋允许只编一个号，并在钢筋表中"简图"栏内加注变化规律。

阅读钢筋图的方法与阅读水工图的方法相同，首先要了解构件名称、作用和外形。在阅读钢筋图时，还必须根据钢筋混凝土图的图示特点和尺寸注法的规定，着重看懂构件中每一类型钢筋的位置、规格、直径、长度、数量、间距以及整个钢筋骨架的构造。

1.4.3　钢筋图平面整体标注方法

中华人民共和国建设部于 2000 年 7 月 17 日以建设［2000］157 号文下发了"关于批准《混凝土结构施工图平面整体表示方法制图规则和构造详图》等 11 项图集为国家建筑标准设计图集的通知"，在全国范围内推行建筑结构施工图平面整体设计方法（以下简称平法）。

平法的表达形式，是把结构构件的尺寸和配筋等按照平面整体表示方法直接表达在各类构件（钢筋混凝土柱、梁和剪力墙）的结构平面布置图上，再与标准构造详图相配合，即构成一套新型完整的结构设计施工图。本节以梁为例简要介绍梁平法施工图的表达方法。

1.4.3.1 平法设计的基本制图规则

（1）平法设计的内容。按平法设计绘制的施工图，一般是由各结构构件的平法施工图和标准构造详图两大部分构成。

（2）画图方法。按平法设计绘制施工图时，在按结构（标准）层绘制的平面布置图上直接表示各构件的尺寸、配筋和所选用的标准构造详图，出图时宜按基础、柱、剪力墙、梁、板、楼梯及其他构件的顺序排列。

（3）标注方式。在平面布置图上表示各构件尺寸和配筋，可采用平面注写、列表注写和截面注写3种方式。

（4）构件编号。按平法设计绘制结构施工图时，应将所有构件进行编号，编号中含有类型代号和序号等，其中，类型代号的主要作用是指明所选用的标准构造详图；在标准构造详图上，也应按其所属构件类型注明代号，以明确该详图与平法施工图中相同构件的互补关系，使两者结合使用。

（5）标注标高及层号。除了表达图形和配筋外，还应当用表格或其他方式注明包括地下和地上各层的结构层楼（地）面标高（结构标高）、结构层高及相应的结构层号。为施工方便，应将统一的结构层楼面标高和结构层高分别放在柱、墙、梁等各类构件的平法施工图中。

1.4.3.2 梁的平面注定表示法

梁的平面注定表示法是在梁平面布置图上，分别在不同编号的梁中各选一根梁，在其上注写截面尺寸和配筋具体数值的方法来表示。

平面注写包括集中标注和原位标注，集中标注表达梁的通用数值，其内容包括梁编号、梁截面尺寸、梁箍筋、梁上部贯通筋或架立筋、梁顶面标高高度差。当集中标注中的某项数值不适用于梁的某部位时，则将该项数值原位标注，施工时，原位标注取值优先。

在梁的平法标注中，梁的截面尺寸，等截面梁用 $b \times h$ 表示；悬挑梁用 $b \times h_1/h_2$ 表示；加腋梁用 $b \times h_1/C_1 \times C_2$ 表示（C_1 为腋长，C_2 为腋高），如图 1.81 所示。

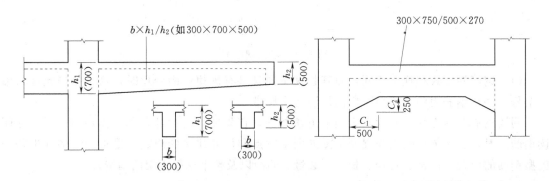

图 1.81 悬挑梁、加腋梁截面尺寸注写方法

梁箍筋的标注内容，包括钢筋级别、直径、加密区与非加密区间距及肢数，箍筋加密区与非加密区的不同间距及肢数需用斜线"/"分隔；当梁箍筋的间距和肢数相同，则不需用斜线；当加密区与非加密区的箍筋肢数相同时，只注写一次，如Φ8@100（4）/150（2），表示箍筋为Ⅰ级钢筋，直径Φ8mm，加密区间距为100，四肢箍；非加密区间距为150，两肢箍。对抗震结构中的非框架梁及非抗震结构中的各类梁采用先注写梁支座端部的箍筋，在斜线后注写梁跨中部分的箍筋。如18Φ12@150（4）/200（2），表示箍筋为Ⅰ级钢筋，直径12mm；梁的两端各有18个四肢箍，间距为150，梁跨中部间距200；双肢箍。

当同排纵筋为两种直径时，用"+"号相连，如4Φ25+2Φ22，表示同排纵筋有6根，其中4Φ25，2Φ22。纵筋多于一排时，从外往里将各排纵筋用"/"分开，表示往外排为4Φ25，往里排为2Φ25。梁侧面抗扭纵筋前加"＊"号，例如：＊4Φ16表示梁两侧各有2Φ16的抗扭纵筋。梁端纵筋全部拉通时，可仅在上部跨中注写一次。梁中间支座两边的上部纵筋相同时，可仅在支座的一边标注配筋值，另一边免去不注。

附加箍筋或吊筋直接注在平面图主梁支座处，与主梁为同一方向用"（）"区别于其他钢筋。例如：（6Φ8+2Φ16）表示主梁支座处每侧加3Φ8箍筋2Φ16吊筋，当梁顶与板顶具有标高差时，须写入"（）"内，例如：（0.100）表示梁硕、板高差0.1m。为了更形象地反映梁的配筋情况，可在梁的平面布置图上标出断面位置和编号，并将梁的断面配筋详图画在本图其他同纸上。详见图1.82。

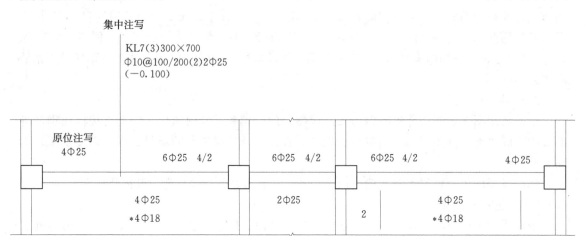

图 1.82 梁的平法标注

第2篇 水利工程图识图实训

2.1 水利工程图的分类

水利工程的兴建一般需要经过勘测、规划、设计和施工、验收等几个阶段，每个阶段都要绘制出相应的图样，水工图主要有工程位置图（包括流域规划图和灌区规划图）、枢纽布置图、结构图、施工图和竣工图。

2.1.1 工程规划示意图

工程规划示意图主要表示水利枢纽所在的地理位置，与枢纽有关的河流、公路、铁路、重要的建筑物和居民区等。

工程规划示意图的特点是：表示范围大，图形比例小，一般采用比例为 1：5000～1：10000甚至更小，建筑物则一般用示意图表示，如图2.1所示。

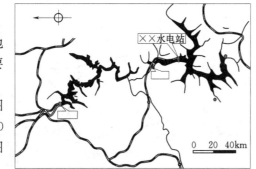

图2.1 工程规划示意图

2.1.2 枢纽布置图

枢纽布置图主要表示整个水利枢纽在平面和立面的布置情况。它的主要作用是：作为各建筑物定位、施工放线、土石方施工以及绘制施工总平面图的依据，如图2.2所示。

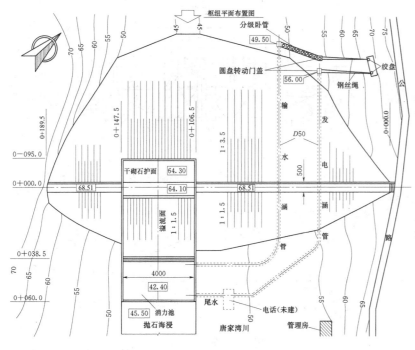

图2.2 枢纽布置图

枢纽布置图一般包括以下内容：

（1）水利枢纽所在地区的地形、河流名称及流向、地理方位（指北针）、测量坐标网和重要建筑物的控制点坐标、绘图比例等。

（2）各建筑物的平面形状、相应位置关系及对外交通。

（3）建筑物与地面的交线、填挖方坡边线。

（4）建筑物的主要高程和主要轮廓尺寸。

枢纽布置图的特点如下：

（1）枢纽布置图必须画在地形图上。

（2）为了使图形主次分明，结构上的细部构造和次要轮廓线一般均省略不画，或采用示意图表示这些构造的位置、种类和作用。

（3）图中尺寸一般只标注建筑物的外形轮廓尺寸以及定位尺寸、主要部位的高程、填挖方坡度等。

2.1.3 水工建筑物结构图

水工建筑物结构图是表达建筑物物形状、大小、结构及建筑材料的工程图样。

水工建筑物结构图一般包括以下内容：

（1）建筑物整体和各组成部分的结构、形状、尺寸和材料。

（2）建筑物基础的地质情况及建筑物与地基的连接方式。

（3）建筑物的工作条件，如上下游设计水位、水面曲线等。

（4）与相邻建筑物的连接方式及附属设备的位置。

水工建筑物结构图的特点是：清楚表达水工建筑物的结构形状、尺寸的大小、建筑材料以及与相邻结构的连接方式等，比例一般采用 1：5～1：200，可用详图表达一些细部构造。

2.1.4 施工图

施工图是表达水利工程施工组织和施工方法等的图样。常用的施工图有施工场地布置图、建筑基础开挖图、混凝土分期分块浇筑图以及表示建筑物内部钢筋配置的钢筋图等。

2.1.5 竣工图

竣工图是表达工程完工验收后要绘出完整反映工程全貌的图样，用于存档或管理。

2.2 水利工程图的识图方法

读图能力的形成，是多种因素的积累，它来源于先前对各类结构多观察、现阶段的专业学习以及后期的工程实践等因素的融合。

对于阅读水工图来讲，方法因人而异。

一般识读顺序如下：

阅读水工图的顺序通常是枢纽布置图—建筑结构图—细部构造图，然后再由细部回到总体，这样经过几次反复，直到全部看懂。

识读水工图一般可按下列识读步骤进行：

（1）概括了解。先看相关专业资料，设计说明书；并按图纸目录，依次或有选择地对图纸进行粗略阅读，分析水工建筑物总体和各部分采用了哪些图示表达方法；找出有关视图和剖视图之间的投影关系，明确各视图所表达的内容。

（2）深入阅读。概括了解之后，还要进一步仔细阅读，其顺序一般是由总体到部分，由主要结构到次要结构，逐步深入。读水工图时，除了要运用专业知识外，还应根据工程结构的具体情况，采用形体分析法等方法来分析结构，并根据水工建筑物的功能和结构常识，运用对照的方法读图，即平面图、剖视图、立面图对照着读，图形、尺寸、文字说明对照着分析识读等。

（3）归纳总结。通过归纳总结，对水工建筑物（或建筑物群）的大小、形状、位置、功能、结构特点、材料等有一个完整和清晰的了解。

* 注意：读图时不要只盯一张图或图样看，要做到全面分析；更不能背图纸。

2.3 水利工程图的识图（实例）实训

2.3.1 工作任务1——闸类

2.3.1.1 阅读水闸设计图

（1）概括了解（水闸的功能及组成）。水闸是防洪、排涝、灌溉等方面应用很广的一种水工建筑物。通过闸门的启闭，可使水闸具有泄水和挡水的双重作用。改变闸门的开启高度，可以起到控制水位和调节流量的作用。水闸由三部分组成：上游段的作用是引导水流平顺地进入闸室，并保护上游河岸及河床不受冲刷，一般包括上游齿墙、铺盖、上游翼墙及两岸护坡等；闸室段起控制水流的作用，它包括闸门、闸墩（中墩及边墩）、闸底板，以及在闸墩上设置的交通桥、工作桥和闸门启闭设备等；下游段的作用是均匀地扩散水流，消除水流能量，防止冲刷洒岸及河床，其包括消力池、海漫、下游防冲槽、下游翼墙及两岸护坡等。

（2）深入阅读（图形表达）。本图采用了3个基本视图（纵剖视图、平面图、上、下游立视图）及5个断面图。

1）平面图表达了水闸各组成部分的平面布置、形状、材料和大小。水闸左右对称，采用简化画法，图中只画出一半。

2）纵剖视图是通过建筑物纵向轴线的铅垂面剖切得到的剖视图。它表达了水闸高度与长度方向的结构形状、大小、材料、相互位置以及建筑物与地面的联系等。

3）上、下游立面图表达了水闸上游面和下游面的结构布置。由于视图对称，故采用各画一半的合成视图表达。

4）5个断面图用以表示上、下游翼墙的断面形状、材料与尺寸大小。图中闸门启闭设备采用了拆卸画法，底板排水孔采用了简化画法，消力池反滤层为多层结构，标注方法见纵剖视图。

2.3.1.2 识读水工图实训要求

（1）准备工作。资料齐全：水闸完整图纸及相关专业资料、模型各图片等。

（2）实训场地。多媒体教室、绘图机房。

（3）实训实施。教师组织进行，学生按小组或个人完成实训内容。

（4）实训考核。教师按纪律和实训要求，根据学生表现和提交的实训成果，评定实训成绩。

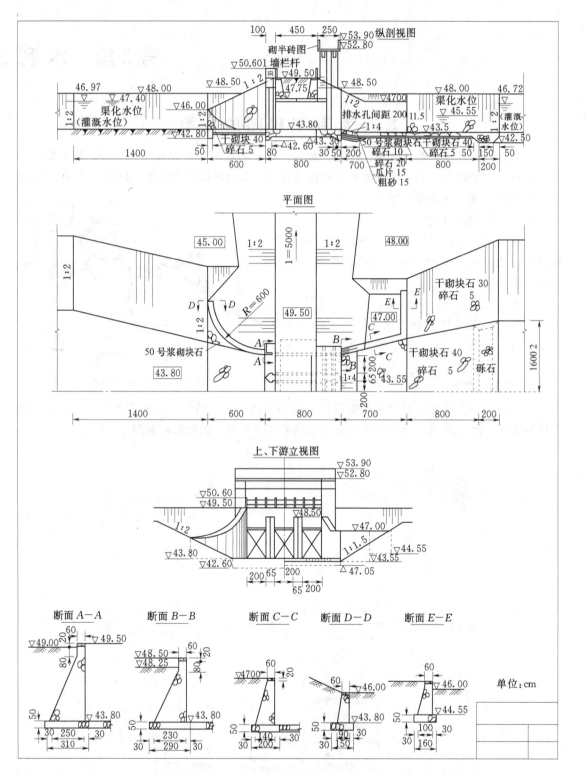

图2.3 水闸设计图

2.3.1.3 工程实例

1.涵闸

说明:
1. 该涵位于北西堤、双岗圩境内,在原址上拆除重建,设计排涝流量2.46m/s³;
2. 本工程混凝土强度等级除图中注明外,其余一律C25,砌筑砂浆采用M10;
3. 本图高程以m计,其余尺寸以mm计;
4. 闸室底板、涵洞洞身下设C10混凝土垫层厚100;
5. 闸门选用1200×1500铸铁闸门,配5t手摇螺杆式启闭机;
6. 沉陷缝处理方法:进出口用二毡三油,竖井与洞身用桥型橡皮和闭孔泡沫板;
7. 建筑物回填土须夯实,相对压实度达95%以上;
8. 浆砌石挡土墙采用M10水泥砂浆封顶。

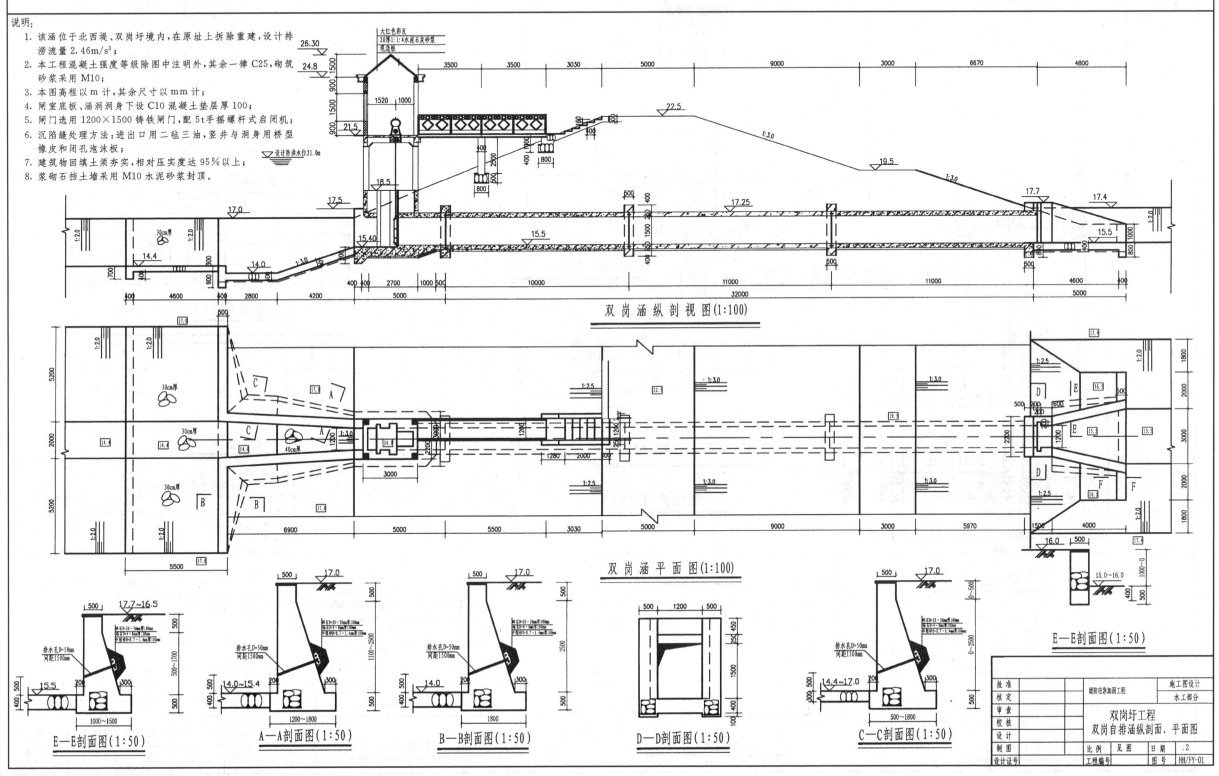

双岗涵纵剖视图(1:100)

双岗涵平面图(1:100)

E—E剖面图(1:50)

A—A剖面图(1:50)

B—B剖面图(1:50)

D—D剖面图(1:50)

C—C剖面图(1:50)

批准		堤防应急加固工程	施工图设计
核定			水工部分
审查		双岗圩工程
校核		双岗自排涵纵剖面、平面图
设计		
制图		比例 见图	日期 .2
设计证号		工程编号	图号 HH/FY-01

23

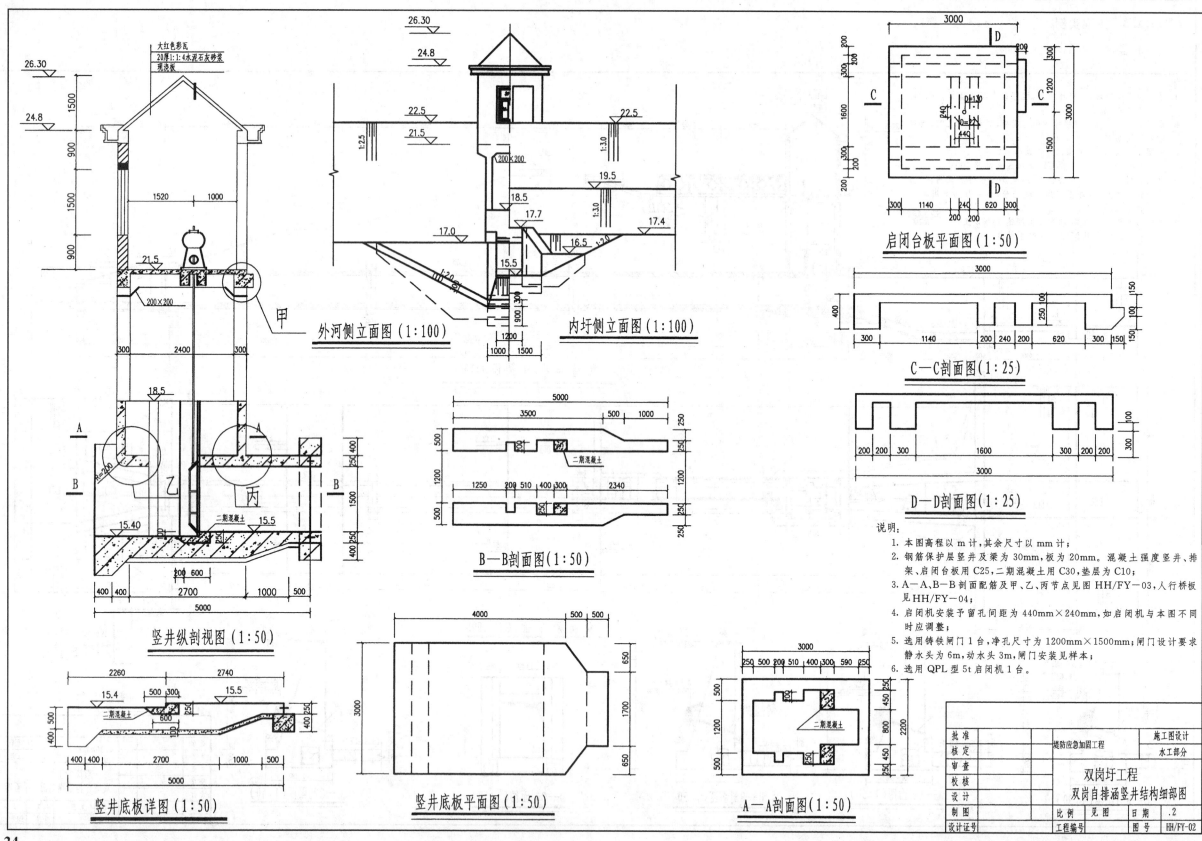

大红色彩瓦
20厚1:1:4水泥石灰砂浆
现浇板

26.30
24.8

1500
900
1500
900

1520 1000

21.5
200×200
甲

300 2400 300

18.5

A A
B B

R=200
乙 丙
二期混凝土
15.40 15.5
15.5

200 600
400 400 2700 1000 500
5000

竖井纵剖视图(1:50)

26.30
24.8

2260 2740
15.4 500 300 15.5
二期混凝土
600
15.4 250
500 400
400 400 2700 1000 500
5000

竖井底板详图(1:50)

26.30
24.8
22.5
21.5
17.0

外河侧立面图(1:100)

26.30
24.8
22.5
21.5
19.5
18.5
17.7
200×200
16.5
15.5
900 300
1200
1000 1500

1:2.5
1:3.0
1:3.0

17.4

内圩侧立面图(1:100)

5000
3500 500 1000
250
500
二期混凝土
1200
1250 200 510 400 300 2340
500
250

B—B剖面图(1:50)

4000 500 500
650
3000 1700
650

竖井底板平面图(1:50)

3000
250 500 200 510 400 300 590 250
500 450
1200 800
二期混凝土
450
250

A—A剖面图(1:50)

3000
200 200
300
300
1600
300

300 1140 240 620 300
200 200

启闭台板平面图(1:50)

3000
400
150
250
100
300 1140 200 240 200 620 300 150
150

C—C剖面图(1:25)

3000
100
300
200 200 300 1600 300 200 200
3000

D—D剖面图(1:25)

说明:
1. 本图高程以 m 计,其余尺寸以 mm 计;
2. 钢筋保护层竖井及梁为30mm,板为20mm。混凝土强度竖井、排架、启闭台板用 C25,二期混凝土用 C30,垫层为 C10;
3. A—A、B—B 剖面配筋及甲、乙、丙节点见图 HH/FY—03,人行桥板见 HH/FY—04;
4. 启闭机安装予留孔间距为 440mm×240mm,如启闭机与本图不同时应调整;
5. 选用铸铁闸门 1 台,净孔尺寸为 1200mm×1500mm;闸门设计要求静水头为 6m,动水头 3m,闸门安装见样本;
6. 选用 QPL 型 5t 启闭机 1 台。

批准		堤防应急加固工程	施工图设计
核定			水工部分
审查		双岗圩工程	
校核		双岗自排涵竖井结构细部图	
设计			
制图		比例 见图	日期
设计证号		工程编号 .2	图号 HH/FY-02

24

2. 水闸

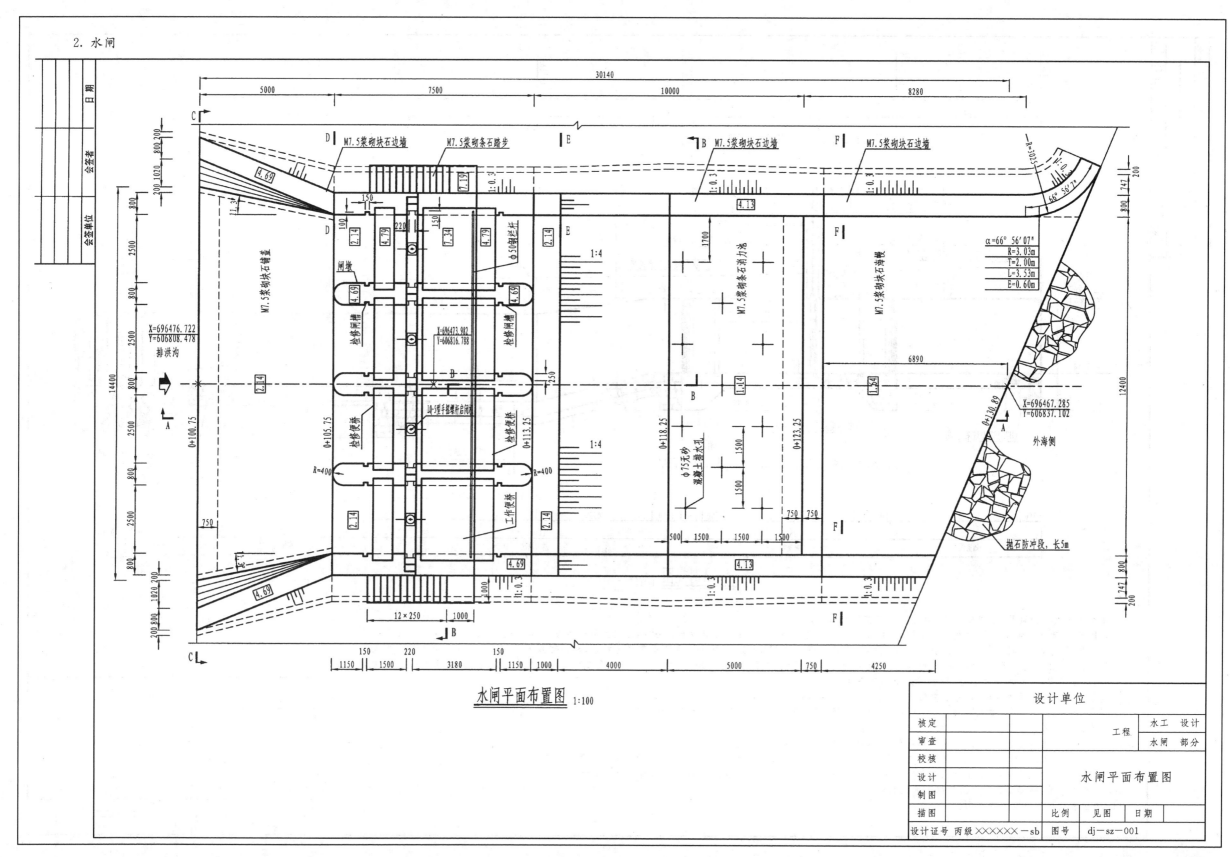

水闸平面布置图 1:100

设计单位					
核定			工程	水工 设计	
审查				水闸 部分	
校核					
设计			水闸平面布置图		
制图					
描图			比例	见图	日期
设计证号 丙级×××××-sb		图号	dj-sz-001		

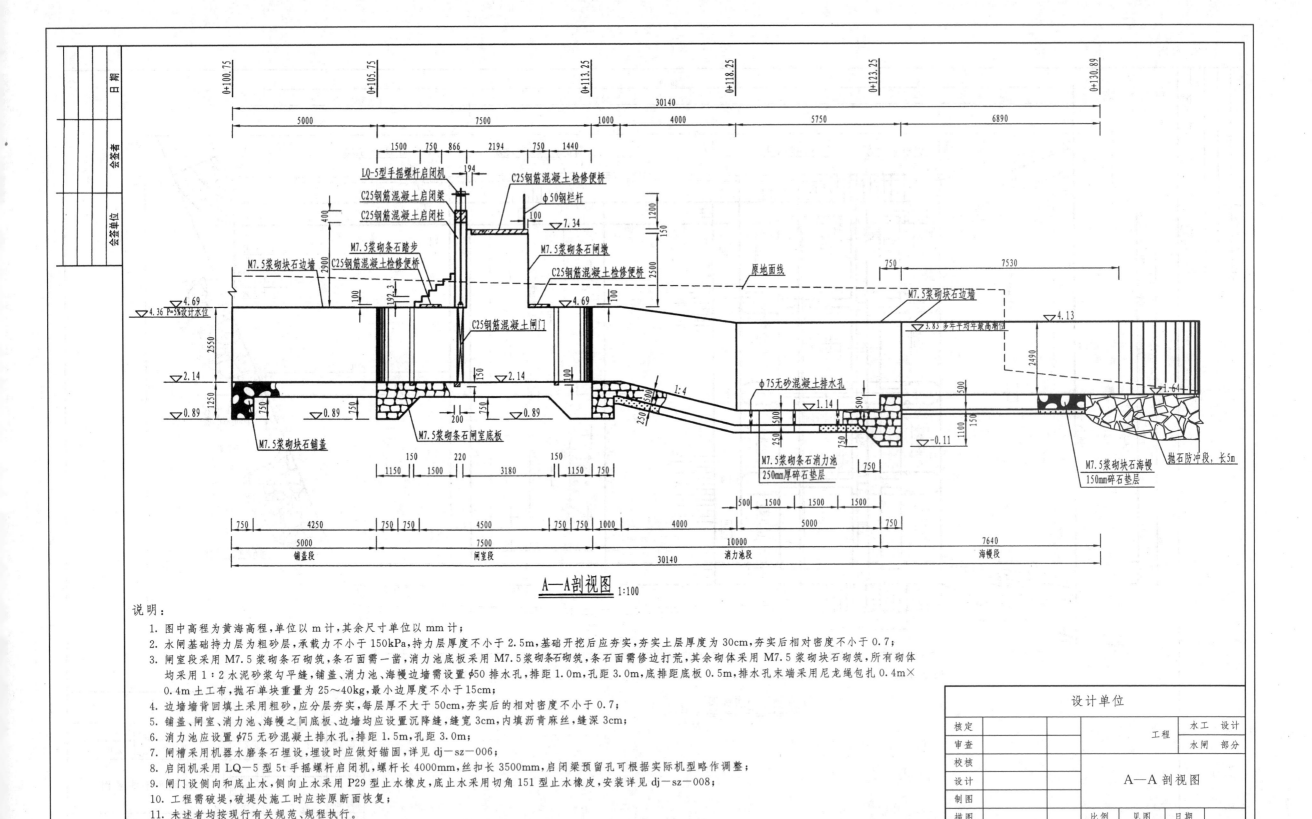

A—A剖视图 1:100

说明：
1. 图中高程为黄海高程，单位以m计，其余尺寸单位以mm计；
2. 水闸基础持力层为粗砂层，承载力不小于150kPa，持力层厚度不小于2.5m，基础开挖后应夯实，夯实土层厚度为30cm，夯实后相对密度不小于0.7；
3. 闸室段采用M7.5浆砌条石砌筑，条石面需一凿，消力池底板采用M7.5浆砌条石砌筑，条石面需修边打荒，其余砌体采用M7.5浆砌块石砌筑，所有砌体均采用1:2水泥砂浆勾平缝，铺盖、消力池、海墁边墙需设置φ50排水孔，排距1.0m，孔距3.0m，底排距底板0.5m，排水孔末端采用尼龙绳包扎0.4m×0.4m土工布，抛石单块重量为25～40kg，最小边厚度不小于15cm；
4. 边墙墙背回填土采用粗砂，应分层夯实，每层厚不大于50cm，夯实后的相对密度不小于0.7；
5. 铺盖、闸室、消力池、海墁之间底板、边墙均应设置沉降缝，缝宽3cm，内填沥青麻丝，缝深3cm；
6. 消力池应设置φ75无砂混凝土排水孔，排距1.5m，孔距3.0m；
7. 闸槽采用机器水磨条石埋设，埋设时应做好锚固，详见dj-sz-006；
8. 启闭机采用LQ-5型5t手摇螺杆启闭机，螺杆长4000mm，丝扣长3500mm，启闭梁预留孔可根据实际机型略作调整；
9. 闸门设侧向和底止水，侧向止水采用P29型止水橡皮，底止水采用切角151型止水橡皮，安装详见dj-sz-008；
10. 工程需破堤，破堤处施工时应按原断面恢复；
11. 未述者均按现行有关规范、规程执行。

设计单位				
核定			工程	水工　设计
审查				水闸　部分
校核				
设计			A—A剖视图	
制图				
描图		比例	见图	日期
设计证号 丙级×××××-sb		图号	dj-sz-002	

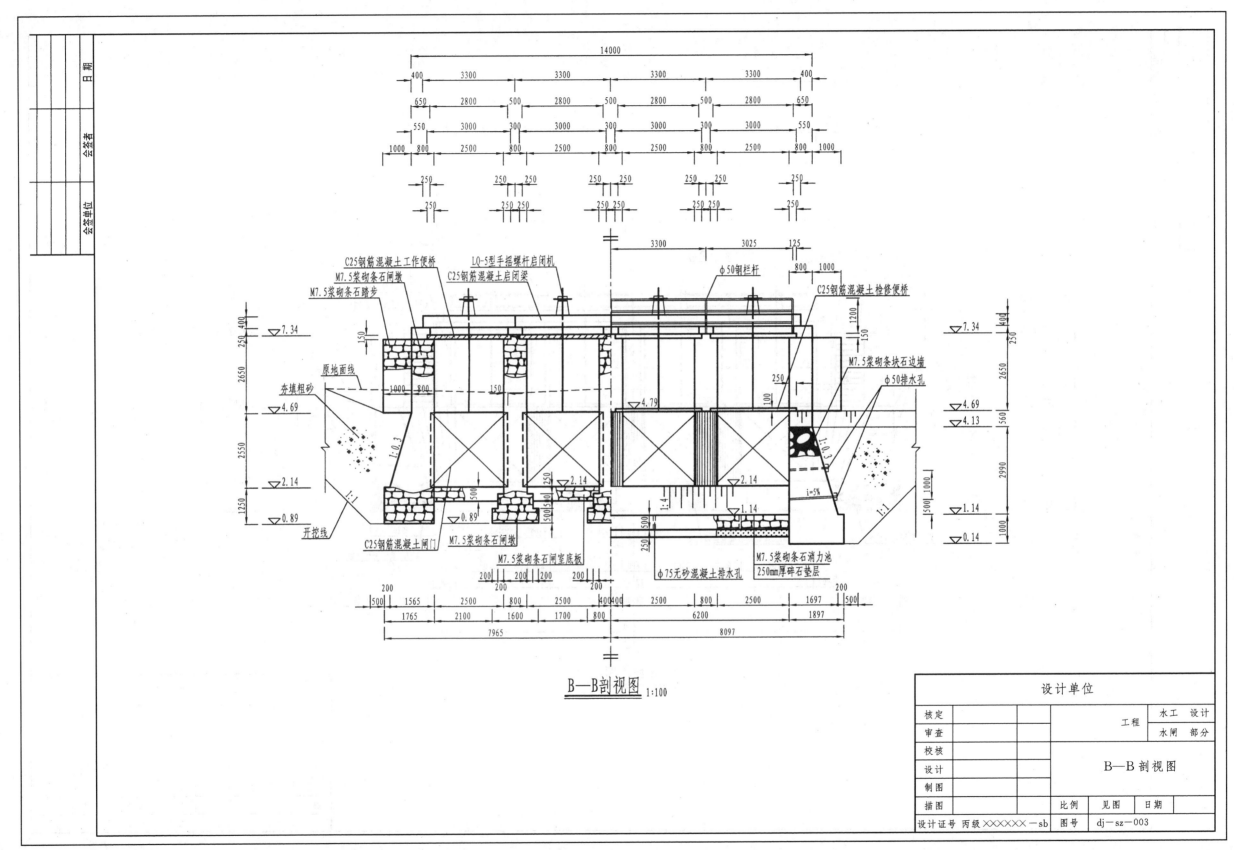

B—B剖视图 1:100

设计单位			
核定		工程	水工 设计
审查			水闸 部分
校核			
设计		B—B 剖视图	
制图			
描图		比例	见图	日期
设计证号 丙级 ×××××—sb		图号 dj—sz—003	

C25钢筋混凝土工作便桥
M7.5浆砌条石闸墩
M7.5浆砌条石踏步
LQ-5型手摇螺杆启闭机
C25钢筋混凝土启闭梁
φ50钢栏杆
C25钢筋混凝土检修便桥
M7.5浆砌条块石边墙
φ50排水孔
C25钢筋混凝土闸门
M7.5浆砌条石闸撑
M7.5浆砌条石闸室底板
φ75无砂混凝土排水孔
M7.5浆砌条石消力池
250mm厚碎石垫层

原地面线
夯填粗砂
开挖线

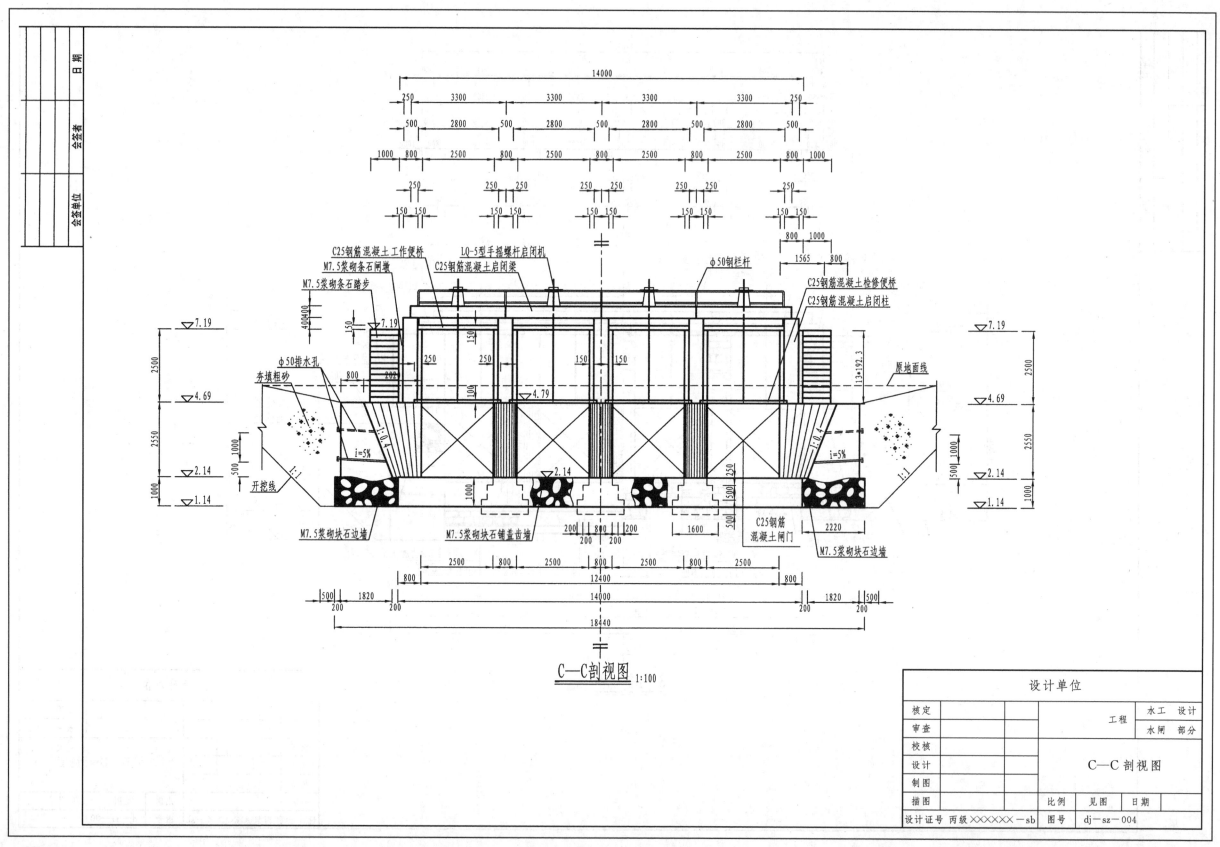

C—C剖视图 1:100

设计单位					
核定			工程	水工	设计
审查				水闸	部分
校核					
设计			C—C 剖视图		
制图					
描图			比例 见图	日期	
设计证号 丙级××××××—sb			图号 dj—sz—004		

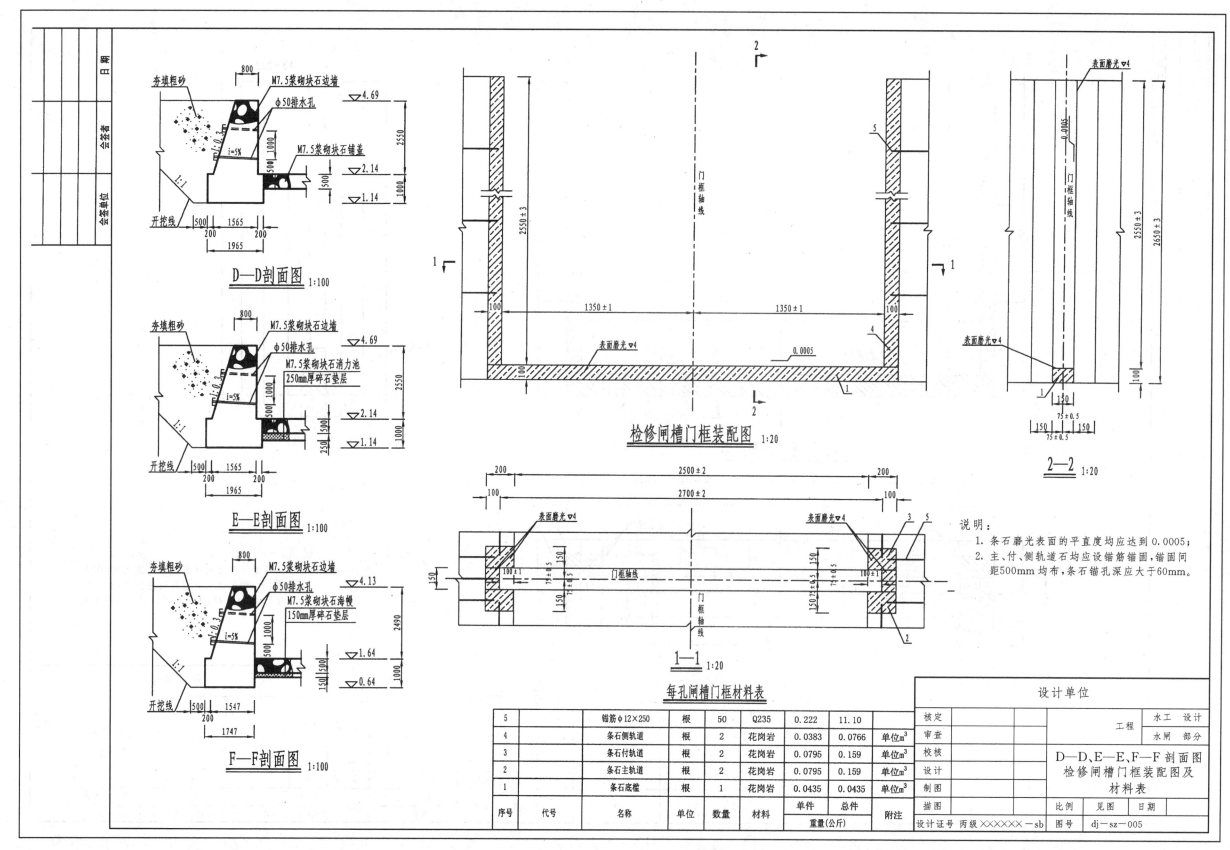

D—D剖面图 1:100

E—E剖面图 1:100

F—F剖面图 1:100

检修闸槽门框装配图 1:20

2—2 1:20

1—1 1:20

说明：
1. 条石磨光表面的平直度均应达到0.0005；
2. 主、付、侧轨道石均应设锚筋锚固，锚固间距500mm均布，条石锚孔深应大于60mm。

每孔闸槽门框材料表

序号	代号	名称	单位	数量	材料	单件	总件	附注
						重量(公斤)		
5		锚筋φ12×250	根	50	Q235	0.222	11.10	
4		条石侧轨道	根	2	花岗岩	0.0383	0.0766	单位m³
3		条石付轨道	根	2	花岗岩	0.0795	0.159	单位m³
2		条石主轨道	根	2	花岗岩	0.0795	0.159	单位m³
1		条石底槛	根	1	花岗岩	0.0435	0.0435	单位m³

设计单位

核定		工程	水工 设计
审查			水闸 部分
校核			
设计			
制图			
描图		比例 见图	日期

D—D、E—E、F—F剖面图
检修闸槽门框装配图及
材料表

设计证号 丙级××××××—sb   图号 dj—sz—005

29

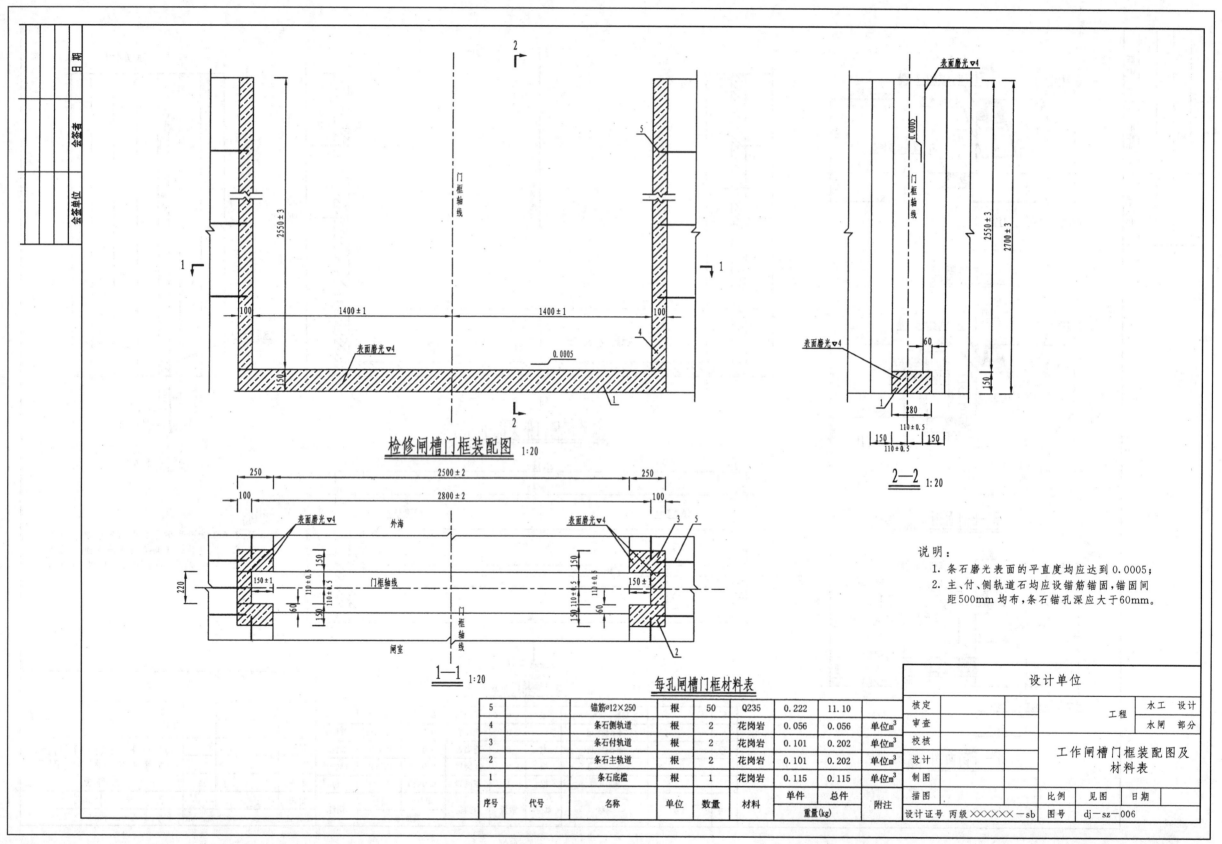

检修闸槽门框装配图 1:20

2—2 1:20

1—1 1:20

说明:
1. 条石磨光表面的平直度均应达到 0.0005;
2. 主、付、侧轨道石均应设锚筋锚固,锚固间
距 500mm 均布,条石锚孔深应大于 60mm。

每孔闸槽门框材料表

序号	代号	名称	单位	数量	材料	单件	总件	附注
						重量(kg)		
5		锚筋∅12×250	根	50	Q235	0.222	11.10	
4		条石侧轨道	根	2	花岗岩	0.056	0.056	单位m³
3		条石付轨道	根	2	花岗岩	0.101	0.202	单位m³
2		条石主轨道	根	2	花岗岩	0.101	0.202	单位m³
1		条石底槛	根	1	花岗岩	0.115	0.115	单位m³

设计单位

核定			工程	水工 设计
审查				水闸 部分
校核				
设计			工作闸槽门框装配图及
制图			材料表
描图			

设计证号 丙级 ××××××—sb　　图号 dj—sz—006

比例 见图　日期

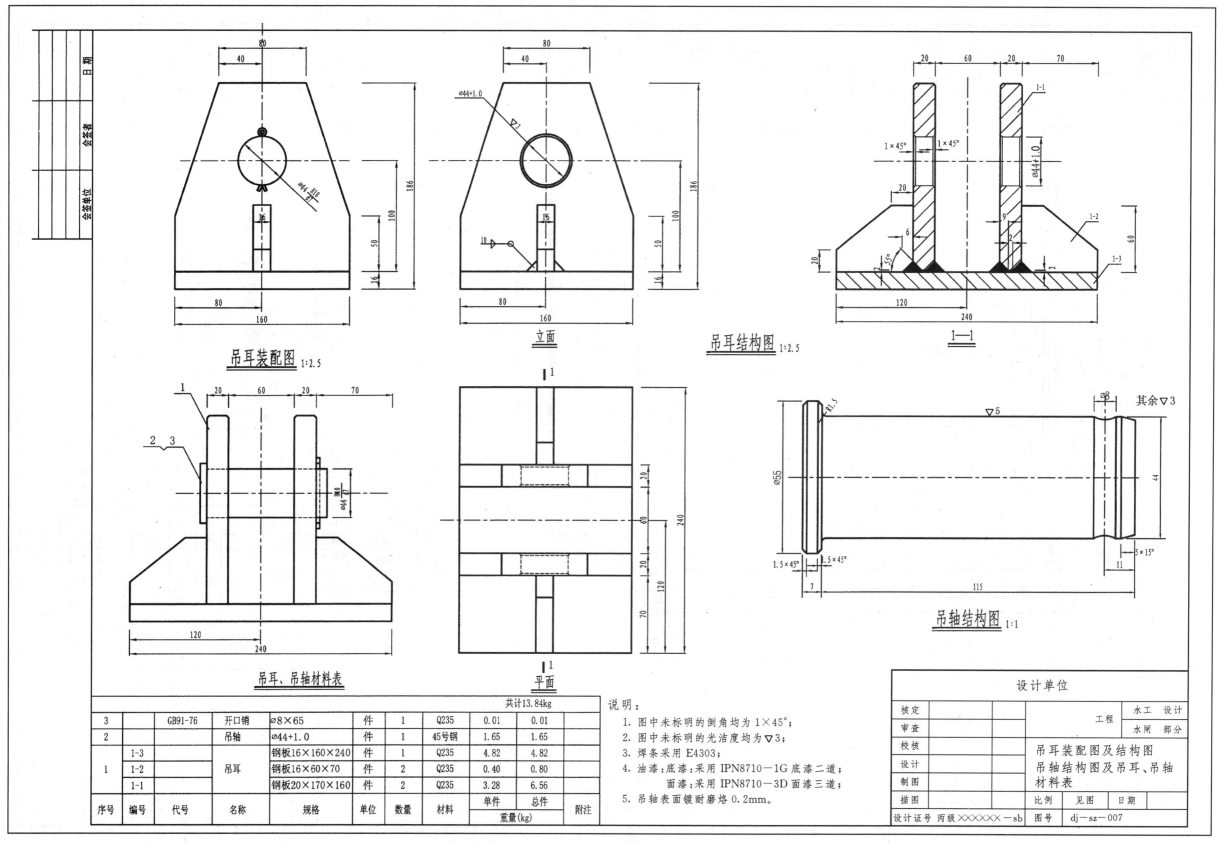

吊耳装配图 1:2.5

立面

吊耳结构图 1:2.5

1—1

平面

吊轴结构图 1:1

吊耳、吊轴材料表

							共计13.84kg		
3	GB91-76	开口销	∅8×65	件	1	Q235	0.01	0.01	
2		吊轴	∅44+1.0	件	1	45号钢	1.65	1.65	
1	1-3	吊耳	钢板16×160×240	件	1	Q235	4.82	4.82	
	1-2		钢板16×60×70	件	2	Q235	0.40	0.80	
	1-1		钢板20×170×160	件	2	Q235	3.28	6.56	
序号	编号	代号	名称	规格	单位	数量	材料	单件	附注
								总件	
								重量(kg)	

说明：
1. 图中未标明的倒角均为1×45°；
2. 图中未标明的光洁度均为▽3；
3. 焊条采用E4303；
4. 油漆：底漆:采用IPN8710-1G底漆二道；
   面漆:采用IPN8710-3D面漆三道；
5. 吊轴表面镀耐磨烙0.2mm。

设计单位				
核定			工程	水工 设计
审查				水闸 部分
校核			吊耳装配图及结构图	
设计			吊轴结构图及吊耳、吊轴	
制图			材料表	
描图			比例	见图	日期
设计证号 丙级 ×××××× －sb			图号	dj－sz－007

会签单位　会签者　日期

31

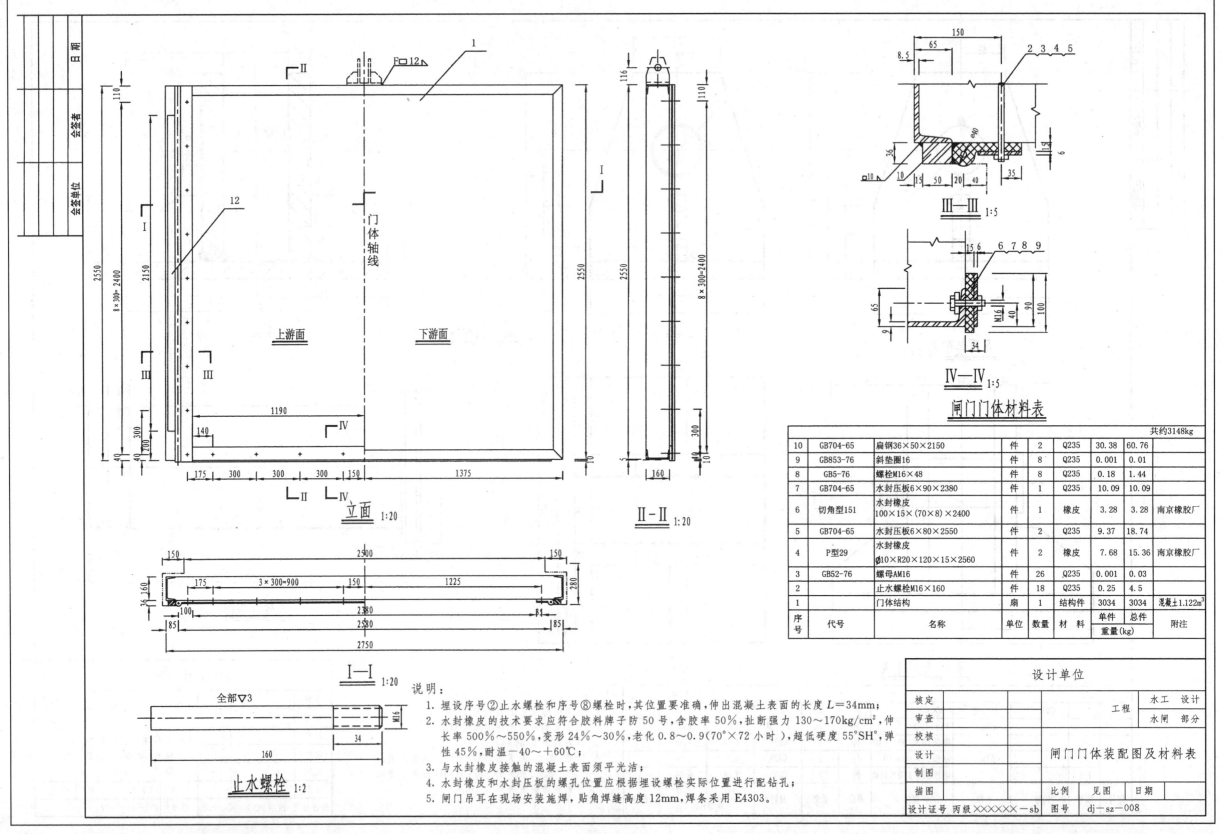

闸门门体材料表

共约3148kg

序号	代号	名称	单位	数量	材料	单件 重量(kg)	总件 重量(kg)	附注
10	GB704-65	扁钢36×50×2150	件	2	Q235	30.38	60.76	
9	GB853-76	斜垫圈16	件	8	Q235	0.001	0.01	
8	GB5-76	螺栓M16×48	件	8	Q235	0.18	1.44	
7	GB704-65	水封压板6×90×2380	件	1	Q235	10.09	10.09	
6	切角型151	水封橡皮 100×15×(70×8)×2400	件	1	橡皮	3.28	3.28	南京橡胶厂
5	GB704-65	水封压板6×80×2550	件	2	Q235	9.37	18.74	
4	P型29	水封橡皮 ∅10×R20×120×15×2560	件	2	橡皮	7.68	15.36	南京橡胶厂
3	GB52-76	螺母AM16	件	26	Q235	0.001	0.03	
2		止水螺栓M16×160	件	18	Q235	0.25	4.5	
1		门体结构	扇	1	结构件	3034	3034	混凝土1.122m³

说明:
1. 埋设序号②止水螺栓和序号⑧螺栓时,其位置要准确,伸出混凝土表面的长度 $L=34$ mm;
2. 水封橡皮的技术要求应符合胶料牌子防50号,含胶率50%,扯断强力130~170kg/cm²,伸长率500%~550%,变形24%~30%,老化0.8~0.9(70°×72小时),超低硬度55°SH°,弹性45%,耐温-40~+60℃;
3. 与水封橡皮接触的混凝土表面须平光洁;
4. 水封橡皮和水封压板的螺孔位置应根据埋设螺栓实际位置进行配钻孔;
5. 闸门吊耳在现场安装施焊,贴角焊缝高度12mm,焊条采用E4303。

设计单位

核定		工程	水工 设计
审查			水闸 部分
校核			
设计		闸门门体装配图及材料表	
制图			
描图		比例 见图	日期

设计证号 丙级×××××-sb   图号 dj-sz-008

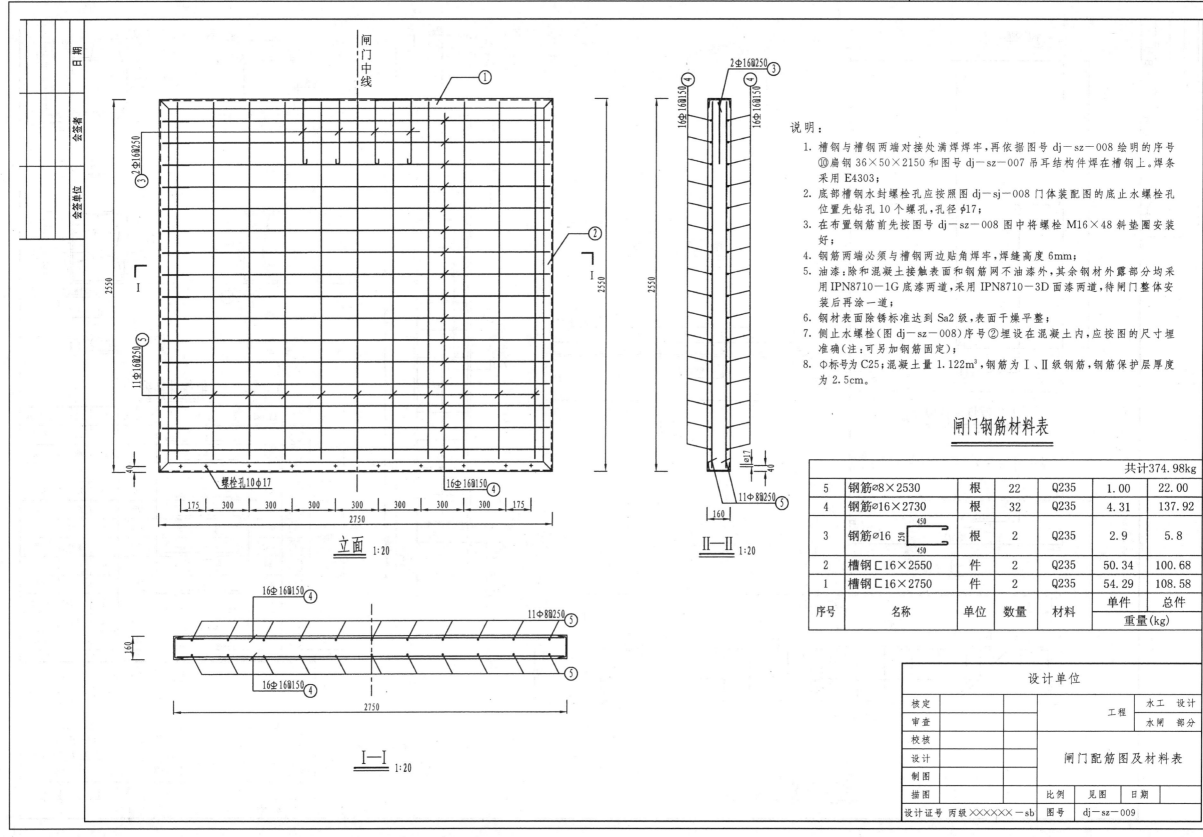

说明:
1. 槽钢与槽钢两端对接处满焊焊牢,再依据图号 dj—sz—008 绘明的序号 ⑩扁钢 36×50×2150 和图号 dj—sz—007 吊耳结构件焊在槽钢上。焊条采用 E4303;
2. 底部槽钢水封螺栓孔应按照图 dj—sj—008 门体装配图的底止水螺栓孔位置先钻孔 10 个螺孔,孔径 φ17;
3. 在布置钢筋前先按图号 dj—sz—008 图中将螺栓 M16×48 斜垫圈安装好;
4. 钢筋两端必须与槽钢两边贴角焊牢,焊缝高度 6mm;
5. 油漆:除和混凝土接触表面和钢筋网不油漆外,其余钢材外露部分均采用 IPN8710—1G 底漆两道,采用 IPN8710—3D 面漆两道,待闸门整体安装后再涂一道;
6. 钢材表面除锈标准达到 Sa2 级,表面干燥平整。
7. 侧止水螺栓(图 dj—sz—008)序号②埋设在混凝土内,应按图的尺寸埋准确(注:可另加钢筋固定);
8. Φ标号为 C25;混凝土量 1.122m³,钢筋为 Ⅰ、Ⅱ 级钢筋,钢筋保护层厚度为 2.5cm。

立面 1:20

Ⅰ—Ⅰ 1:20

Ⅱ—Ⅱ 1:20

闸门钢筋材料表

					共计374.98kg	
5	钢筋∅8×2530	根	22	Q235	1.00	22.00
4	钢筋∅16×2730	根	32	Q235	4.31	137.92
3	钢筋∅16	根	2	Q235	2.9	5.8
2	槽钢匚16×2550	件	2	Q235	50.34	100.68
1	槽钢匚16×2750	件	2	Q235	54.29	108.58
序号	名称	单位	数量	材料	单件	总件
					重量(kg)	

设计单位			
核定		工程	水工 设计
审查			水闸 部分
校核			
设计		闸门配筋图及材料表	
制图			
描图		比例	见图	日期
设计证号 丙级×××××—sb		图号 dj—sz—009	

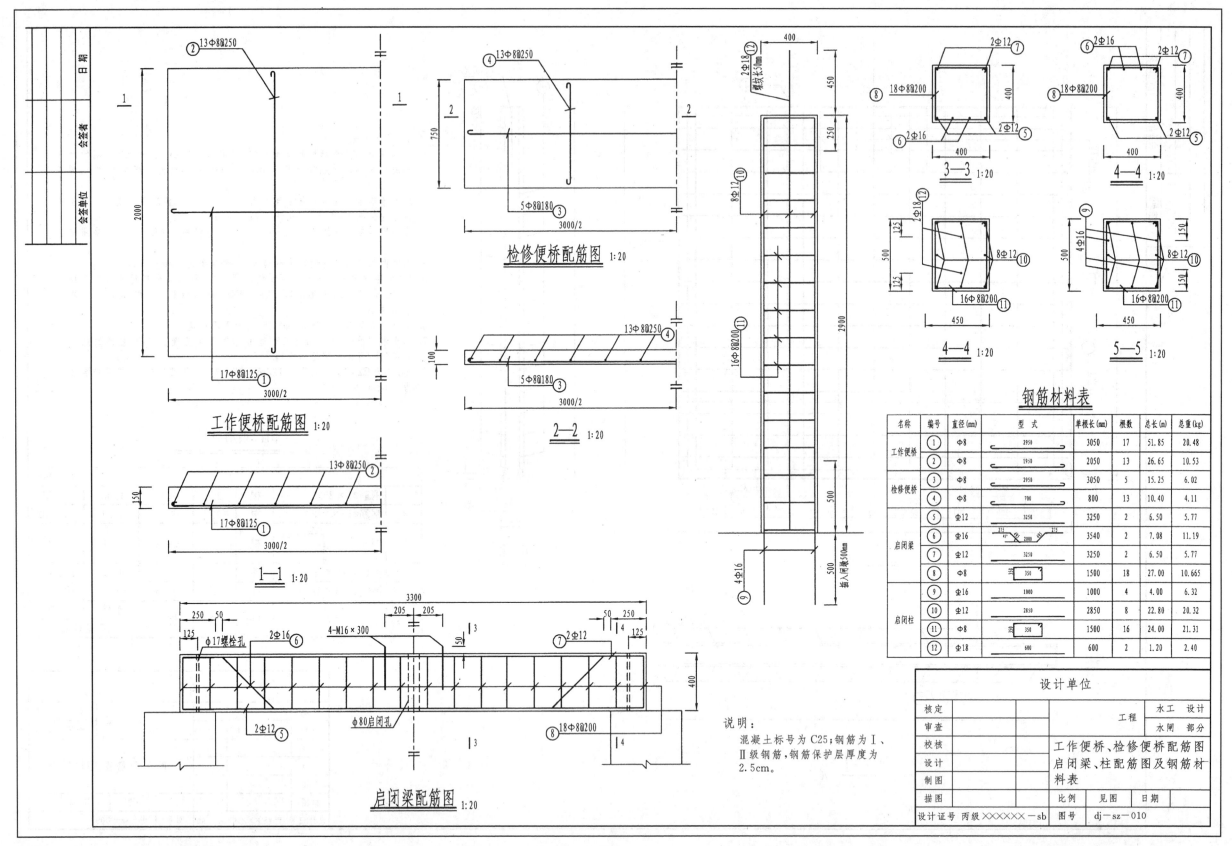

工作便桥配筋图 1:20

检修便桥配筋图 1:20

启闭梁配筋图 1:20

钢筋材料表

名称	编号	直径(mm)	型 式	单根长(mm)	根数	总长(m)	总重(kg)
工作便桥	①	Φ8	2950	3050	17	51.85	20.48
	②	Φ8	1950	2050	13	26.65	10.53
检修便桥	③	Φ8	2950	3050	5	15.25	6.02
	④	Φ8	700	800	13	10.40	4.11
启闭梁	⑤	Φ12	3250	3250	2	6.50	5.77
	⑥	Φ16	275 2800 275	3540	2	7.08	11.19
	⑦	Φ12	3250	3250	2	6.50	5.77
	⑧	Φ8	350 350	1500	18	27.00	10.665
启闭柱	⑨	Φ16	1000	1000	4	4.00	6.32
	⑩	Φ12	2850	2850	8	22.80	20.32
	⑪	Φ8	350 350	1500	16	24.00	21.31
	⑫	Φ18	600	600	2	1.20	2.40

说明:
混凝土标号为C25;钢筋为Ⅰ、
Ⅱ级钢筋,钢筋保护层厚度为
2.5cm。

设计单位				
核定		工程	水工	设计
审查			水闸	部分
校核		工作便桥、检修便桥配筋图		
设计		启闭梁、柱配筋图及钢筋材		
制图		料表		
描图		比例	见图	日期
设计证号 丙级×××××× —sb		图号 dj—sz—010		

34

2.3.2 工作任务 2——坝类

2.3.2.1 阅读水库枢纽布置图

（1）概括了解。枢纽主体工程由拦河坝、溢洪道、引水发电系统、输水建筑物等部分组成。拦河坝是采用斜墙堆石坝，包括溢流坝段和非溢流坝段，用于拦截河流、蓄水抬高上游水位。溢流坝位于河床上，溢流坝坝顶高程为64.10m，没有设置闸门。

引水发电系统是利用形成的水位差和流量，通过水轮机发电机组进行发电的专用工程。此枢纽坝下游左岸设有厂房，引水管将水引进水轮机发电后，尾水进入消力池消能，再进入下游渠道。

输水建筑物是利用挡水坝蓄水后，进行灌溉的专用工程。输水管进口设有闸门，可控制闸门开启、关闭和流量大小。

（2）深入阅读（图形表达）。该工程图由枢纽平面图、溢流坝横剖视图、溢流坝顶与侧墙连接详图、非溢流坝顶与黏土斜墙连接详图等表达其总体布置情况。图中较多地采用了示意、简化、省略的表达方法。

枢纽平面布置图表达了地形、河流、指北针、坝轴线位置、道路、各建筑物的位置、建筑物与地面的交线及主要高程和主要轮廓尺寸。

从溢流坝横剖视图可以看出，溢流坝为宽顶堰，陡槽下接消力池，其后接海幔。黏土斜墙下游面设置反滤层，下游筑坝材料是干砌块石，陡槽用100号水泥砂浆条石护面。

从非溢流坝顶与黏土斜墙连接详图可以看出，防浪墙基础伸到斜墙反滤层下，基础下端宽，上端变小，建筑材料是100号水泥砂浆砌块石。坝顶宽4m，坝顶高程为68.51m，防浪墙高1.20m，上下游坡都是干砌块石。

从溢流坝顶与侧墙连接详图可以看出，侧墙是阶梯形，下面大，上面小，使用的建筑材料是100号水泥砂浆砌块石。溢流坝面是100号水泥砂浆砌块石护面。

输水建筑物及电站厂房详图情况应另有结构图表示。

2.3.2.2 识读水工图实训要求

（1）准备工作。资料齐全：各类型坝的完整图纸及相关专业资料、模型各图片等。

（2）实训场地。多媒体教室、绘图机房。

（3）实训实施。教师组织进行，学生按小组或个人完成实训内容。

（4）实训考核。教师按纪律和实训要求，根据学生表现和提交的实训成果，评定实训成绩。

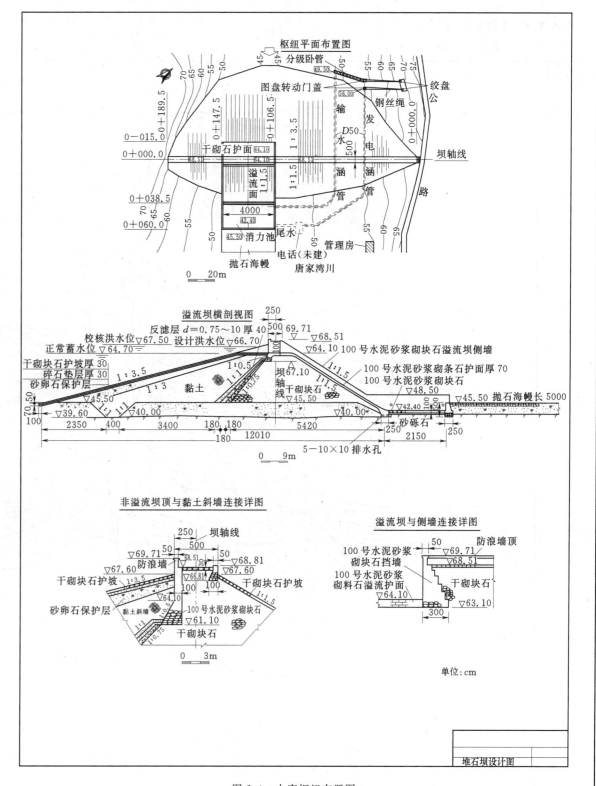

图 2.4　水库枢纽布置图

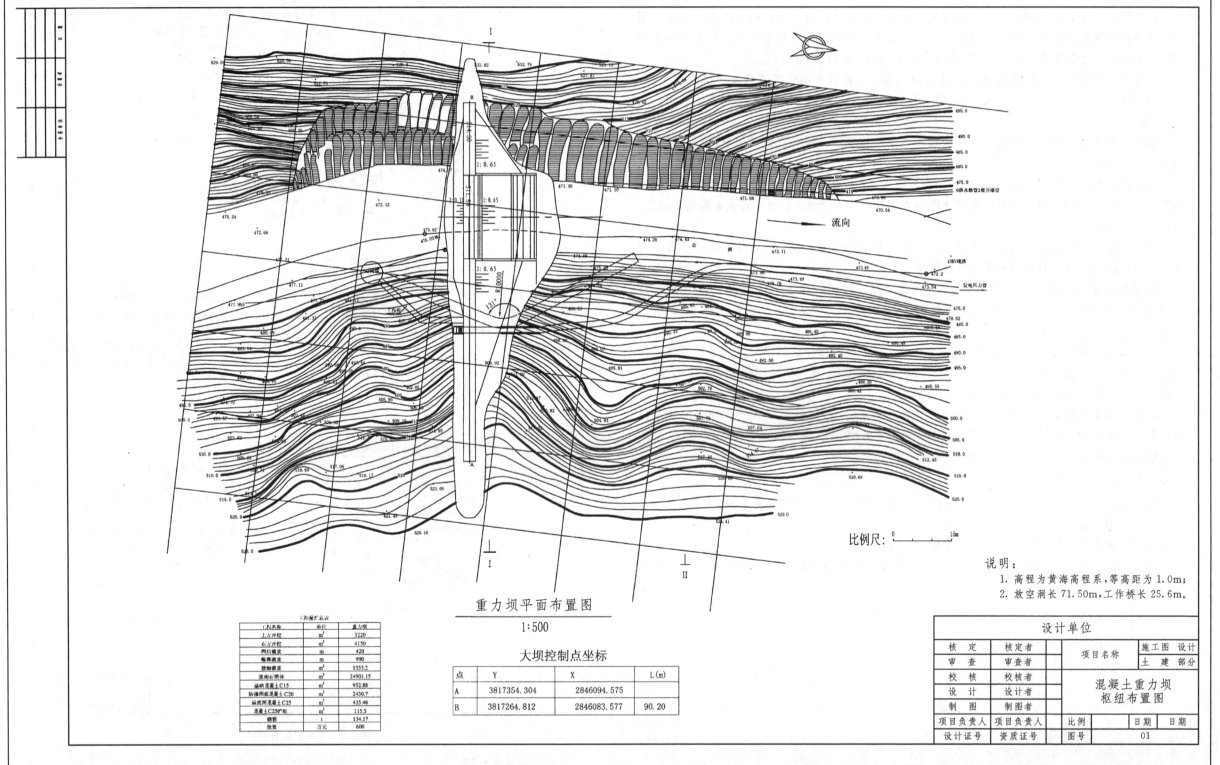

重力坝平面布置图

1:500

大坝控制点坐标

点	Y	X	L(m)
A	3817354.304	2846094.575	
B	3817264.812	2846083.577	90.20

说明:
1. 高程为黄海高程系,等高距为1.0m;
2. 放空洞长71.50m,工作桥长25.6m。

工程量汇总表

工程名称	单位	重力坝
土方开挖	m³	3220
石方开挖	m³	4150
回填灌浆	m	420
帷幕灌浆	m	990
坝基灌浆	m²	1555.2
坝体砼坝体	m³	24901.15
垫层混凝土C15	m³	952.88
防渗面板混凝土C20	m³	2430.7
面底混凝土C25	m³	435.46
混凝土C25护坡	m³	115.5
钢筋	t	134.17
投资	万元	600

比例尺: 0 _____ 15m

设计单位				
核 定	核定者		项目名称	施工图 设计
审 查	审查者			土 建 部分
校 核	校核者			混凝土重力坝
设 计	设计者			枢纽布置图
制 图	制图者			
项目负责人	项目负责人		比例	日期 日期
设计证号	资质证号		图号	01

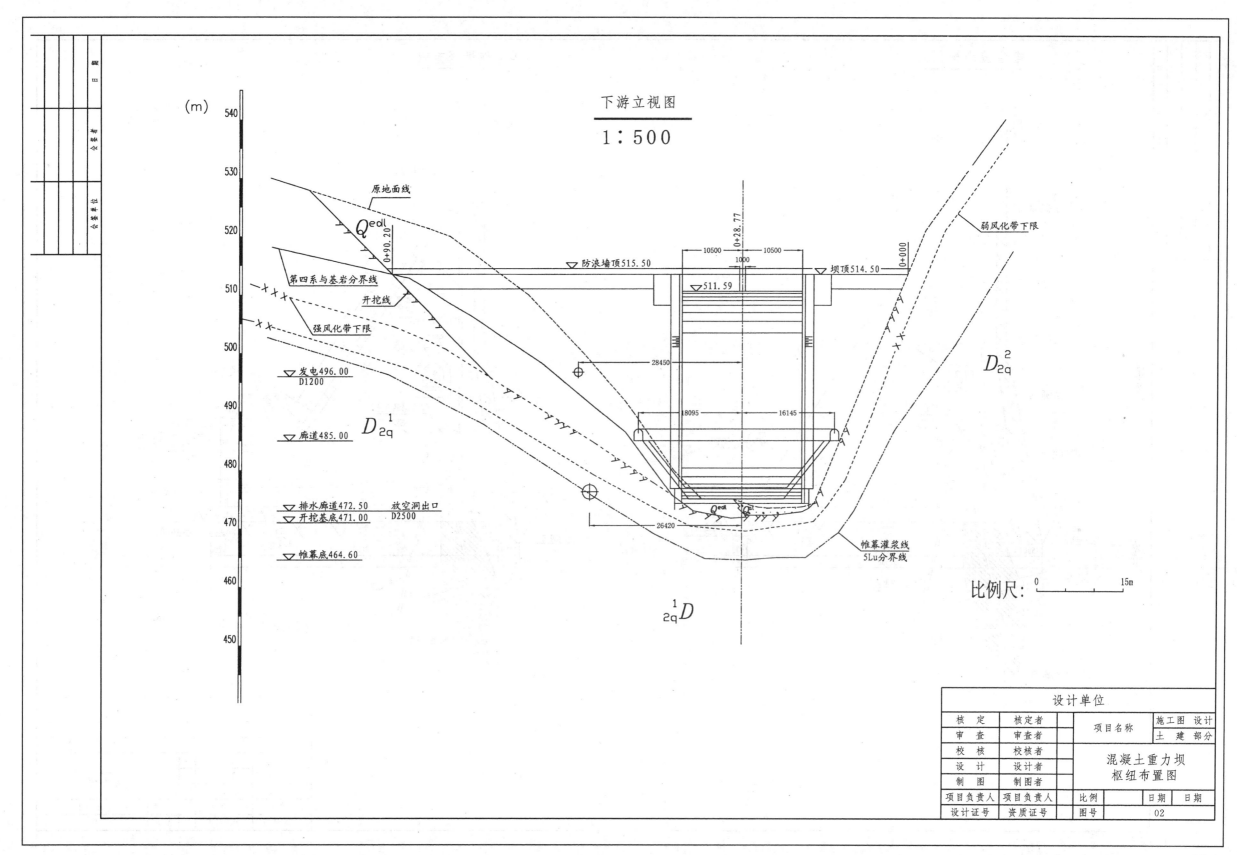

下游立视图

1:500

原地面线

Q^{edl}

弱风化带下限

防浪墙顶515.50

坝顶514.50

第四系与基岩分界线

开挖线

强风化带下限

D_{2q}^2

发电496.00
D1200

D_{2q}^1

廊道485.00

排水廊道472.50   放空洞出口
开挖基底471.00   D2500

帷幕灌浆线
5Lu分界线

帷幕底464.60

$_{2q}^1 D$

比例尺：0   15m

设计单位			
核　定	核定者	项目名称	施工图　设计
审　查	审查者		土　建　部分
校　核	校核者	混凝土重力坝	
设　计	设计者	枢纽布置图	
制　图	制图者		
项目负责人	项目负责人	比例	日期	日期
设计证号	资质证号	图号	02	

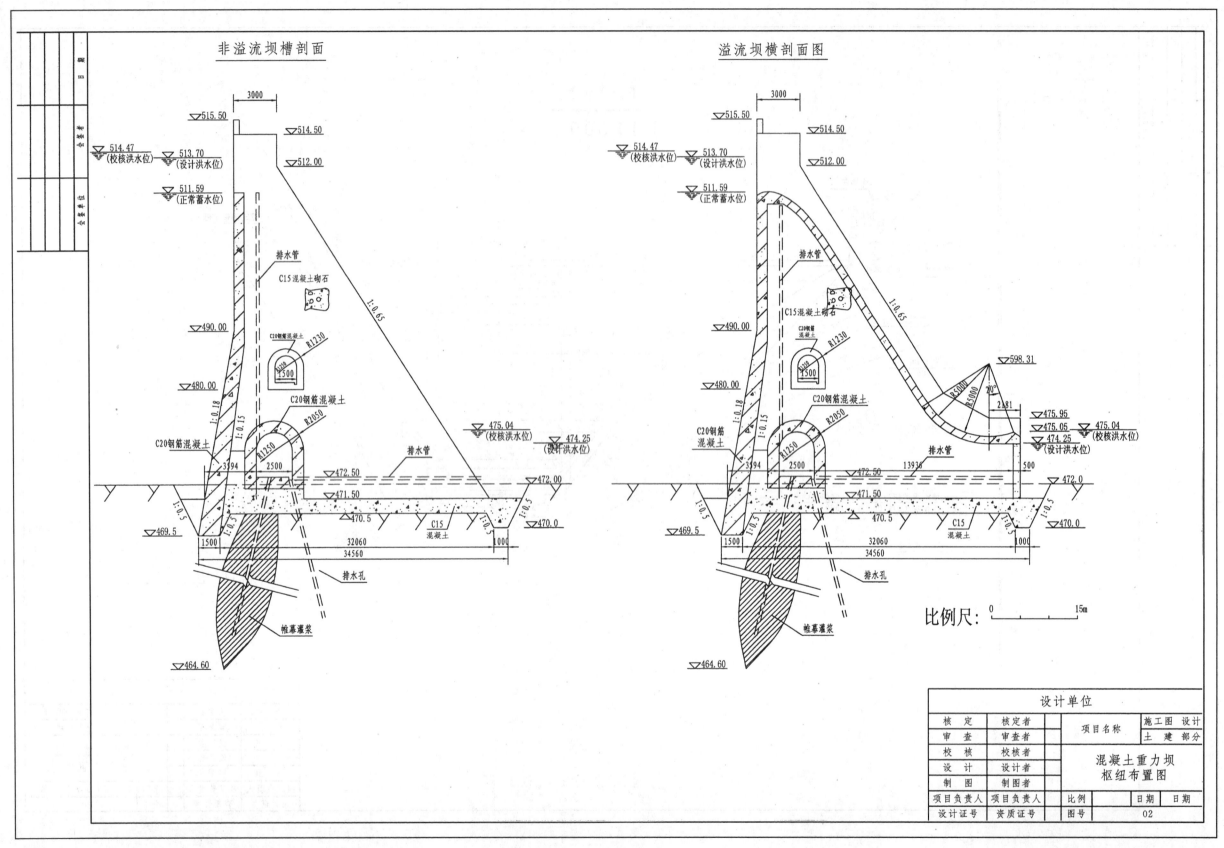

非溢流坝横剖面

溢流坝横剖面图

比例尺: 0 ____ 15m

	设计单位				
核 定	核定者		项目名称	施工图 设计	
审 查	审查者			土 建 部分	
校 核	校核者		混凝土重力坝		
设 计	设计者		枢纽布置图		
制 图	制图者				
项目负责人	项目负责人		比例	日期	日期
设计证号	资质证号		图号	02	

38

拱坝平面布置图
1:500

拱坝中心线

226.3干

大坝控制层拱端坐标与高程

部位	点号	坐标		设计拱端高程（m）
		x（北）	y	
右岸	1u	2962165.574	39606229.313	190.5
	1d	2962162.041	39606228.626	
	2u	2962164.142	39606236.084	185.5
	2d	2962159.651	39606235.090	
	3u	2962162.594	39606244.433	180
	3d	2962155.468	39606242.849	
	4u	2962159.902	39606253.950	172
	4d	2962149.936	39606251.777	
	5u	2962156.311	39606264.201	164
	5d	2962143.629	39606261.344	
	6u	2962151.132	39606276.081	156
	6d	2962136.497	39606272.362	
	7u	2962143.166	39606293.115	148
	7d	2962126.875	39606287.295	
	8u	2962129.596	39606313.489	140.8
	8d	2962114.683	39606303.409	
拱冠梁	9u	2962114.381	39606327.552	140.8
	9d	2962105.338	39606314.596	
	10u	2962095.706	39606336.062	140.8
	10d	2962091.843	39606320.433	
左岸	11u	2962076.884	39606341.712	148
	11d	2962076.272	39606326.403	
	12u	2962060.089	39606344.485	156
	12d	2962060.822	39606330.503	
	13u	2962045.523	39606345.650	164
	13d	2962046.619	39606333.131	
	14u	2962032.161	39606345.481	172
	14d	2962033.369	39606335.477	
	15u	2962018.672	39606344.227	180
	15d	2962019.670	39606336.908	
	16u	2962008.247	39606342.275	185.5
	16d	2962008.918	39606337.724	
	17u	2961999.391	39606340.848	190.5
	17d	2962000.019	39606337.303	

说明：
1. 本图单位：高程为 m，其余为 mm；
2. 左右两岸上坝公路开挖，本图未示，详见另图；
3. 电站埋管处坝基开挖，本图未示，详见另图。

设计单位				
批准	批准者		项目名称	施工图 设计
核定	核定者			土 建 部分
审查	审查者			
校核	校核者		拱坝平面布置图	
设计	设计者			
制图	制图者			
项目负责人	项目负责人	比例		日期	日期
设计证号	资质证号	图号	01	

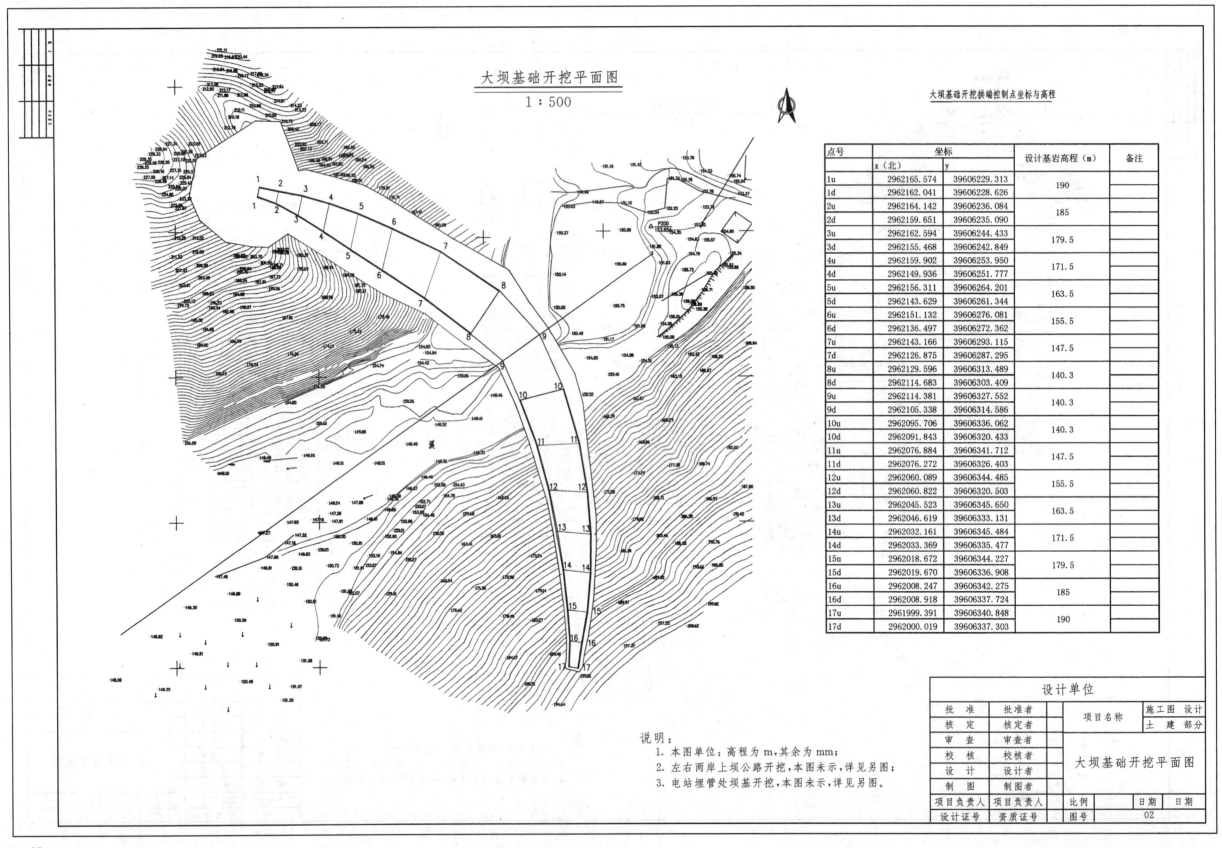

大坝基础开挖平面图
1：500

大坝基础开挖拱端控制点坐标与高程

点号	坐标 x（北）	坐标 y	设计基岩高程（m）	备注
1u	2962165.574	39606229.313	190	
1d	2962162.041	39606228.626		
2u	2962164.142	39606236.084	185	
2d	2962159.651	39606235.090		
3u	2962162.594	39606244.433	179.5	
3d	2962155.468	39606242.849		
4u	2962159.902	39606253.950	171.5	
4d	2962149.936	39606251.777		
5u	2962156.311	39606264.201	163.5	
5d	2962143.629	39606261.344		
6u	2962151.132	39606276.081	155.5	
6d	2962136.497	39606272.362		
7u	2962143.166	39606293.115	147.5	
7d	2962126.875	39606287.295		
8u	2962129.596	39606313.489	140.3	
8d	2962114.683	39606303.409		
9u	2962114.381	39606327.552	140.3	
9d	2962105.338	39606314.586		
10u	2962095.706	39606336.062	140.3	
10d	2962091.843	39606320.433		
11u	2962076.884	39606341.712	147.5	
11d	2962076.272	39606326.403		
12u	2962060.089	39606344.485	155.5	
12d	2962060.822	39606320.503		
13u	2962045.523	39606345.650	163.5	
13d	2962046.619	39606333.131		
14u	2962032.161	39606345.484	171.5	
14d	2962033.369	39606335.477		
15u	2962018.672	39606344.227	179.5	
15d	2962019.670	39606336.908		
16u	2962008.247	39606342.275	185	
16d	2962008.918	39606337.724		
17u	2961999.391	39606340.848	190	
17d	2962000.019	39606337.303		

说明：
1. 本图单位：高程为 m，其余为 mm；
2. 左右两岸上坝公路开挖，本图未示，详见另图；
3. 电站埋管处坝基开挖，本图未示，详见另图。

设计单位				
批准	批准者	项目名称	施工图 设计	
核定	核定者		土 建 部分	
审查	审查者			
校核	校核者	**大坝基础开挖平面图**		
设计	设计者			
制图	制图者			
项目负责人	项目负责人	比例	日 期	日 期
设计证号	资质证号	图号	02	

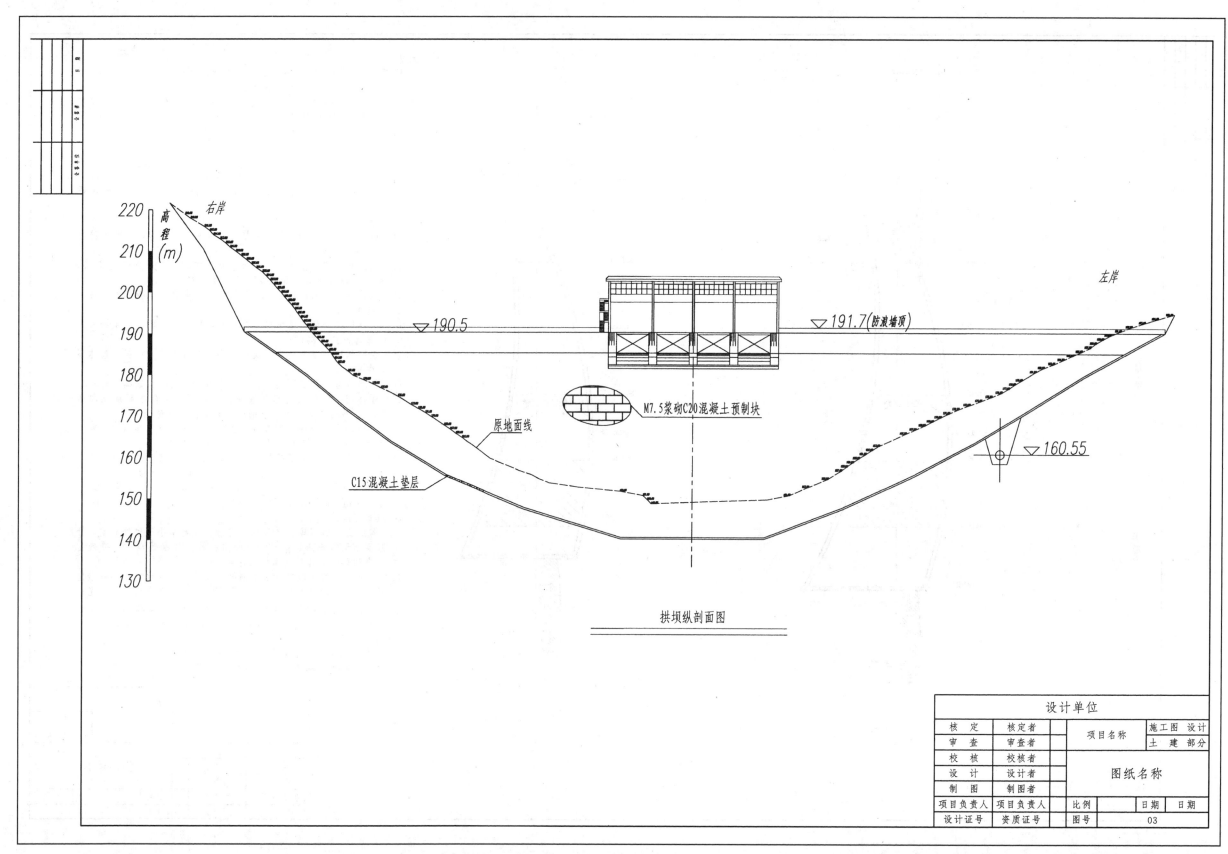

拱坝纵剖面图

右岸

左岸

高程 (m)

▽ 190.5

▽ 191.7(防浪墙顶)

M7.5浆砌C20混凝土预制块

原地面线

C15混凝土垫层

▽ 160.55

设计单位					
核 定	核定者		项目名称	施工图 设计	
审 查	审查者			土 建 部分	
校 核	校核者		图纸名称		
设 计	设计者				
制 图	制图者				
项目负责人	项目负责人		比例	日期	日期
设计证号	资质证号		图号	03	

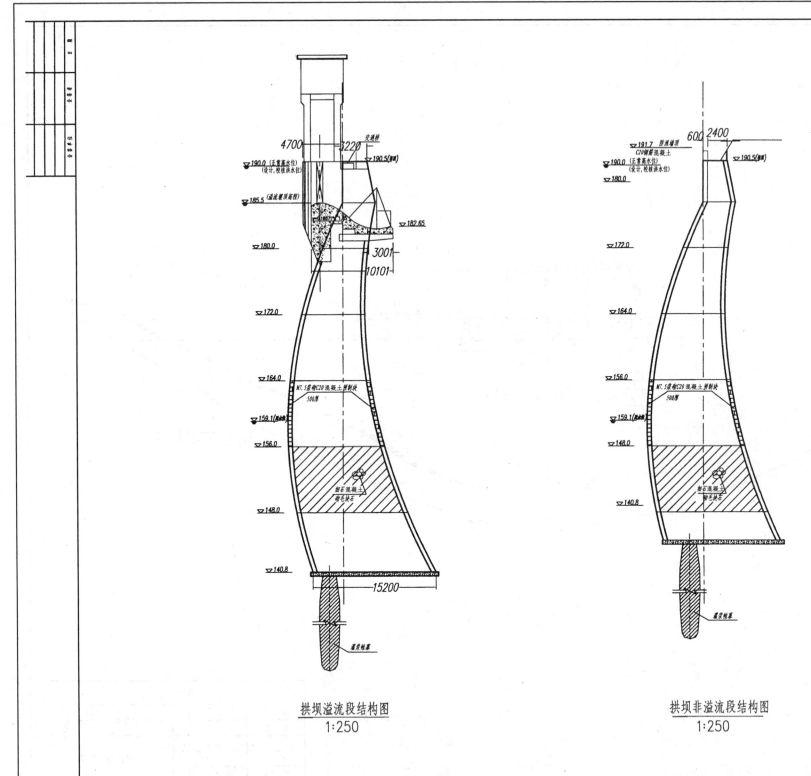

说明：
1. 图中单位：高程以 m 计，其余以 mm 计；
2. 溢流面细部尺寸及结构另见详图；
3. 砌坝石料必须质地坚硬，新鲜，不得有削落层或裂纹，其基本物理力学指标应符合设计规范要求：
   (1) 块石：要求上下两面平行且大致平整，无尖角，块厚大于 200；
   (2) 毛石：无一定规则情况，单块重量应大于 35kg，中部厚不小于 200 砌体中石料含量不小于 48%；
   (3) 片石：规则小于上述要求的毛石，可用于塞缝，其用量不得超过该处砌体重量的 10%；
4. 坝体砌筑：
   (1) 已浇筑好的垫层混凝土在抗压强度未达到 2.5MPa 前不得进行上层砌石工作；
   (2) 坝体与岸坡连接部位的垫层混凝土施工，宜先砌石 2～3 层，高 600～1000mm 预留垫层位置后浇填筑；
   (3) 坝体砌筑应采用铺浆法，砌体砌缝宽度应符合招标文件技术规范要求；
   (4) 坝体砌筑必须严格掌握施工质量，块缝内混凝土应用插入式振捣器振捣密实；
   (5) 在胶结料初凝前允许一次连续砌筑两层石块，终凝前砌体不允许扰动；
   (6) 砌体应分块施工，同一拱块内砌体宜逐层全面连续上升；
   (7) 砌体同一砌筑层内相邻石块应错缝，不得存在顺水流向通缝，上下相邻砌筑的石块也应错缝搭接，避免竖向通缝；
   (8) 坝体的面石与腹石砌筑应同步上升，如不能，其相对高差不宜大于 1.0m 结合面应做竖向工作缝处理；
   (9) 砌石体内埋置钢筋处应采用高标号水泥砂浆砌筑，缝宽不宜小于钢筋直径的 3～4 倍，严禁钢筋与石块直接接触；
   (10) 砌体密实性检查，用单位吸水量 w 表示，当 $w > 0.031$ L/ (min·m²) 时应采取坝体补强灌浆。
5. 坝面勾缝：
   (1) 勾缝宜在料石砌筑 24h 以后进行，缝宽不小于砌缝宽度，缝深不小于缝宽两倍，勾缝前必须将槽缝冲洗干净，不得残留灰渣和积水并保持缝面湿润；
   (2) 防渗用的勾缝砂浆应采用细砂，宜用较小的水灰比，灰砂比可选用 1：1～1：20，水泥采用 425 号以上普通硅酸盐水泥；
   (3) 勾缝砂浆必须单纯拌制，严禁与砌石块的砂浆混用，拌制好的砂浆应分几次向缝内填充压实，直至与坝面齐平，然后抹光，并保持 21 天湿润养护；
6. 坝体施工应严格按有关规范执行；
7. 砌坝混凝土龄期为 90 天，并掺加粉煤灰。

拱坝溢流段结构图
1:250

拱坝非溢流段结构图
1:250

设计单位				
核　定	核定者		项目名称	施工图　设计
审　查	审查者			土　建　部分
校　核	校核者			拱坝结构图
设　计	设计者			
制　图	制图者			
项目负责人	项目负责人	比例		日期	日期
设计证号	资质证号	图号		04	

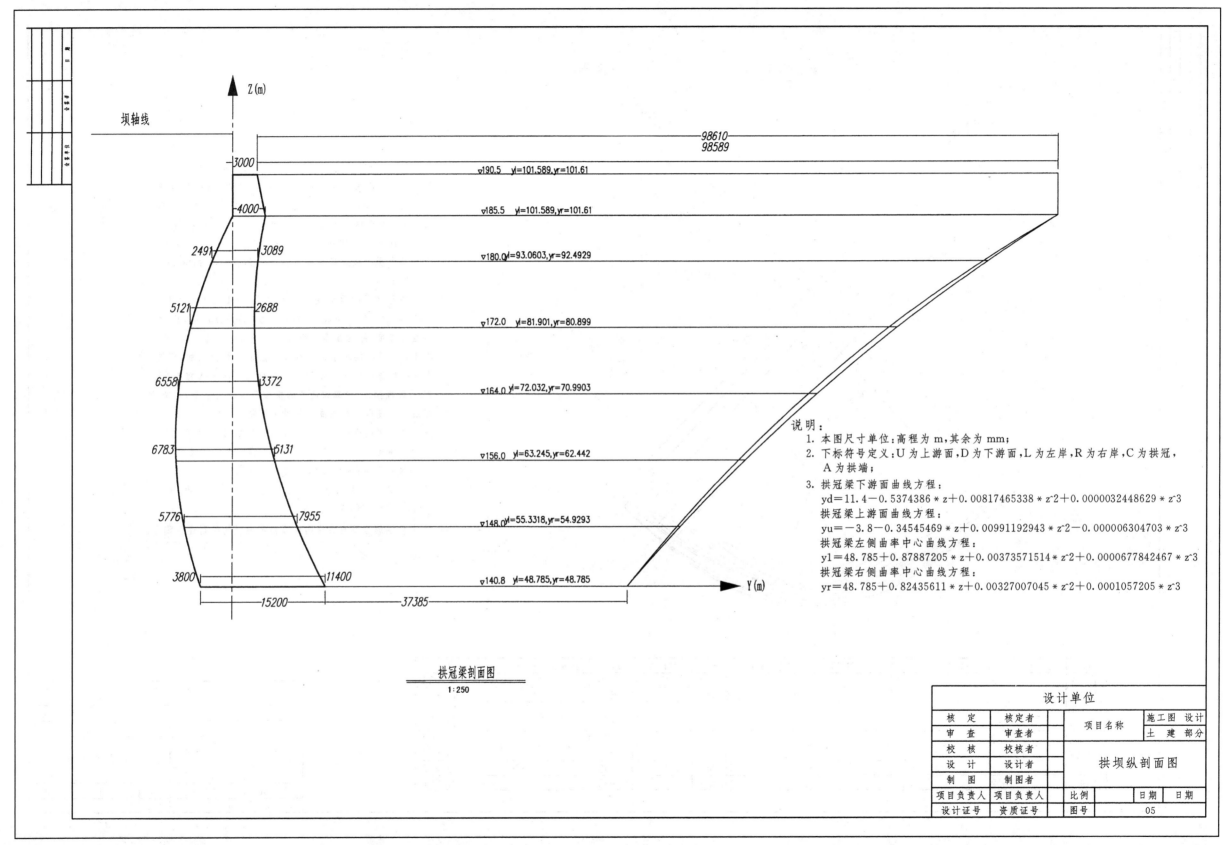

说明:
1. 本图尺寸单位:高程为 m,其余为 mm;
2. 下标符号定义:U 为上游面,D 为下游面,L 为左岸,R 为右岸,C 为拱冠, A 为拱端;
3. 拱冠梁下游面曲线方程:
yd=11.4−0.5374386*z+0.00817465338*z^2+0.0000032448629*z^3
拱冠梁上游面曲线方程:
yu=−3.8−0.34545469*z+0.00991192943*z^2−0.000006304703*z^3
拱冠梁左侧曲率中心曲线方程:
yl=48.785+0.87887205*z+0.00373571514*z^2+0.0000677842467*z^3
拱冠梁右侧曲率中心曲线方程:
yr=48.785+0.82435611*z+0.00327007045*z^2+0.0001057205*z^3

坝轴线

Z(m)

98610
98589

∇190.5   yl=101.589,yr=101.61

∇185.5   yl=101.589,yr=101.61

∇180.0 yl=93.0603,yr=92.4929

∇172.0   yl=81.901,yr=80.899

∇164.0 yl=72.032,yr=70.9903

∇156.0 yl=63.245,yr=62.442

∇148.0 yl=55.3318,yr=54.9293

∇140.8 yl=48.785,yr=48.785

Y(m)

3000
4000
2491   3089
5121   2688
6558   3372
6783   5131
5776   7955
3800   11400
15200   37385

拱冠梁剖面图
1:250

设计单位

核　定	核定者	项目名称	施工图 设计
审　查	审查者		土 建 部分
校　核	校核者		拱坝纵剖面图
设　计	设计者		
制　图	制图者		
项目负责人	项目负责人	比例	日期	日期
设计证号	资质证号	图号	05

43

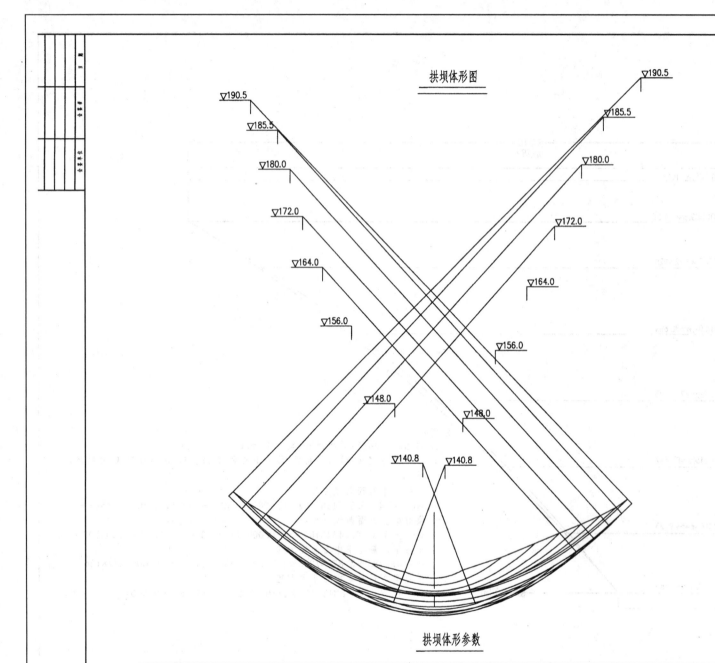

拱坝体形图

说明：

1. 抛物线是指任一高程拱圈的中心线是抛物线，其上下游面曲线为任意曲线，无函数表达；抛物线的方程为 $Y = X^2/2R_0$，其中 X 指向左右岸，Y 指向下游，抛物线顶点为相对原点；R_0 为拱冠梁处的曲率半径，左右岸采用各自的 R_0，根据拱冠梁处左右岸的曲率中心曲线，可计算出任一高程拱冠梁处的曲率半径 R_0；

   任一高程抛物线上任意一点 X 对应的径向角 ϕ：$\tan\phi = X_1/R_1$；

2. 任一高程拱圈的厚度变化函数为 $T_1 = T_0 + (T_a - T_0) \times (1-\cos\phi_1)/(1-\cos\phi_a)$，其中 T_0 为拱冠梁处厚度，T_a 为拱端处厚度，ϕ_a 为拱端处径向角；

   非计算高程的拱端厚度是按线性插值计算出来的，即按上一计算高程与下一计算高程的拱端厚度放大倍数（T_0/T_a）线性插值，计算该高程的拱端厚度放大倍数，再乘上拱冠梁厚度即可得该高程的拱端厚度；

3. 任一高程拱端横坐标是按线性插值计算出来的，即按上一计算高程与下一计算高程的拱端横坐标线性插值；

4. 本图尺寸单位：高程为 m，其余为 mm；

5. 下标符号定义：U 为上游面，D 为下游面，L 为左岸，R 为右岸，C 为拱冠，A 为拱端；

6. 上表拱端编号按自右岸向左岸由高向低的原则逐层编号。

拱坝体形参数

高程(m)	拱冠厚度T_c(m)	左岸拱端厚度T_1(m)	右岸拱端厚度T_r(m)	左拱曲率半径R_{l0}(m)	右拱曲率半径R_{r0}(m)	左拱端角度 θ_1(°)	右拱端角度 θ_r(°)
190.5	3	3	3	100.089	100.110	45.156	44.082
185.5	4	4	4	99.589	99.610	43.310	42.601
180	5.5799	6.786	6.7	92.761	92.194	42.675	42.554
172	7.809	9.476	9.6	83.118	82.116	41.803	42.781
164	9.9302	11.8	12.4	73.625	72.584	40.463	42.392
156	11.914	13.4	14.5	64.071	63.268	37.917	40.825
148	13.7312	14.72	16.7	54.242	53.840	32.625	35.427
140.8	15.2	15.5	17.4	44.985	44.985	21.031	21.031

设计单位				
核 定	核定者	项目名称		施工图 设计
审 查	审查者			土 建 部分
校 核	校核者			拱坝体形图
设 计	设计者			
制 图	制图者			
项目负责人	项目负责人	比例		日期 | 日期
设计证号	资质证号	图号		06

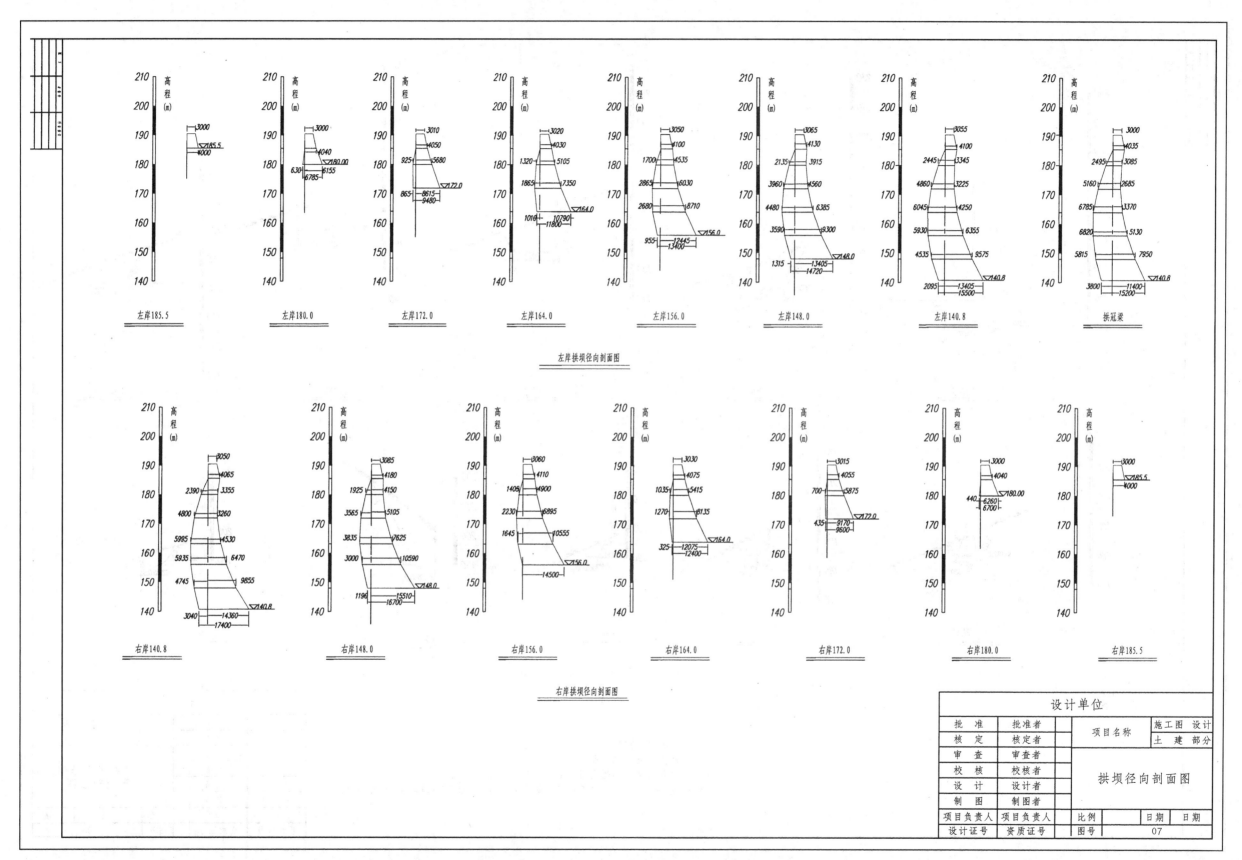

左岸拱坝径向剖面图

右岸拱坝径向剖面图

设计单位				
批　准	批准者	项目名称	施工图　设计	
核　定	核定者		土　建　部分	
审　查	审查者			
校　核	校核者	拱坝径向剖面图		
设　计	设计者			
制　图	制图者			
项目负责人	项目负责人	比例		日期　日期
设计证号	资质证号	图号	07	

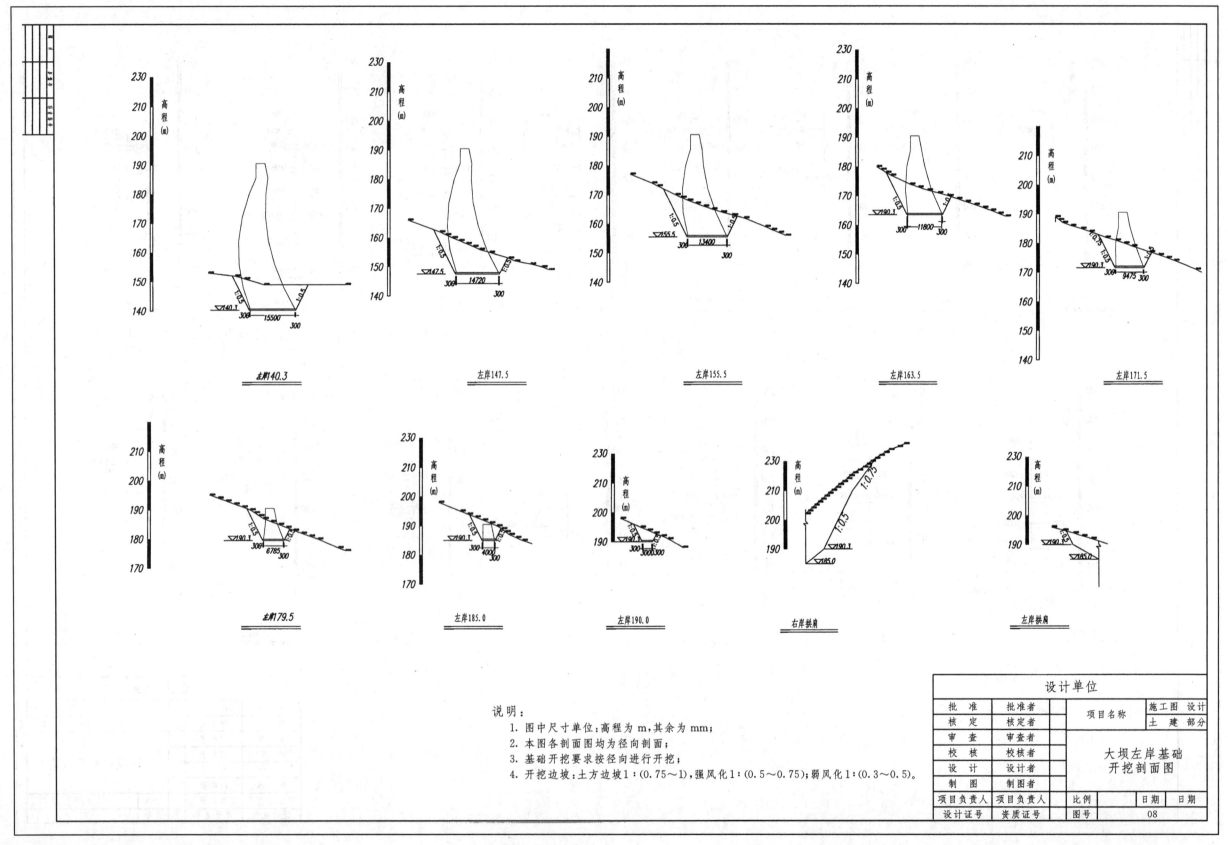

左岸140.3 左岸147.5 左岸155.5 左岸163.5 左岸171.5

左岸179.5 左岸185.0 左岸190.0 右岸拱肩 左岸拱肩

说明:
1. 图中尺寸单位:高程为 m,其余为 mm;
2. 本图各剖面图均为径向剖面;
3. 基础开挖要求按径向进行开挖;
4. 开挖边坡:土方边坡1:(0.75～1),强风化1:(0.5～0.75);弱风化1:(0.3～0.5)。

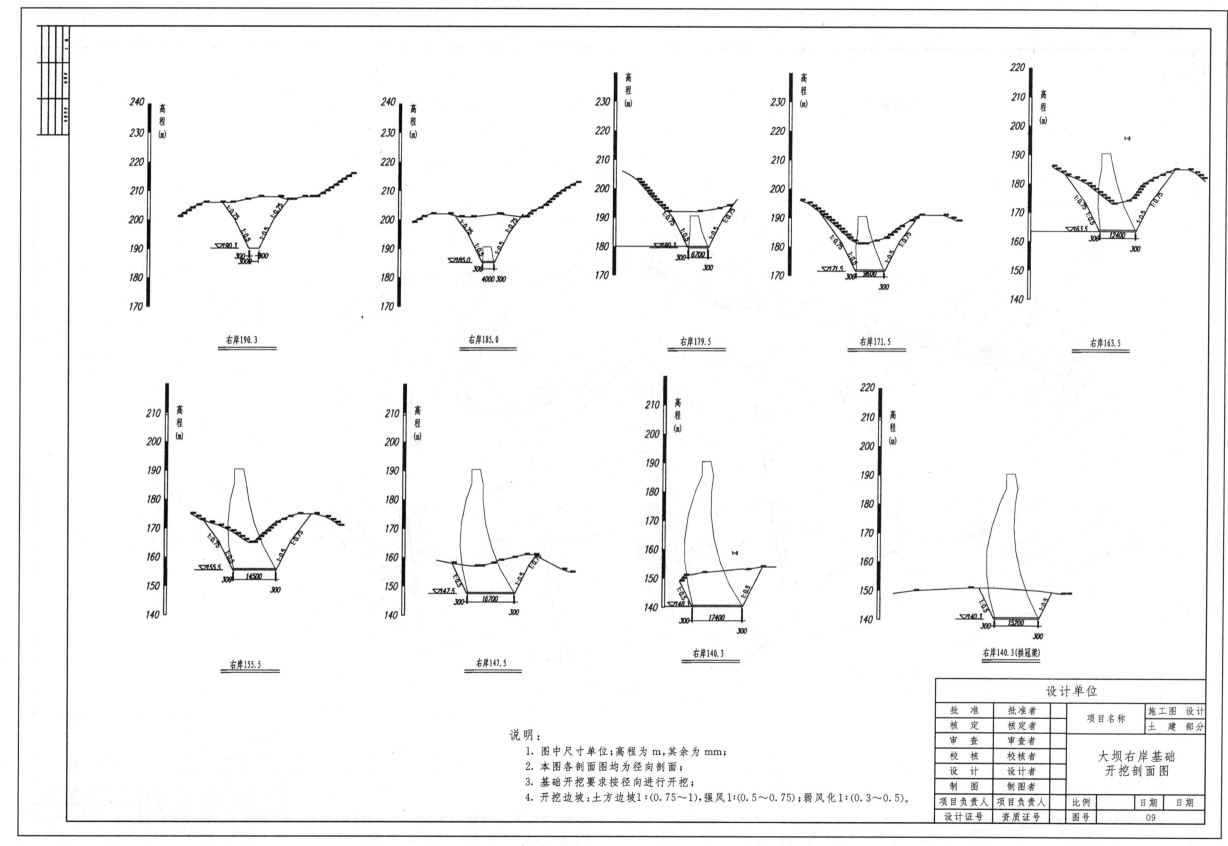

右岸190.3

右岸185.0

右岸179.5

右岸171.5

右岸163.5

右岸155.5

右岸147.5

右岸140.3

右岸140.3(拱冠梁)

说明:
1. 图中尺寸单位:高程为 m,其余为 mm;
2. 本图各剖面图均为径向剖面;
3. 基础开挖要求按径向进行开挖;
4. 开挖边坡:土方边坡1:(0.75~1);强风1:(0.5~0.75);弱风化1:(0.3~0.5)。

设计单位				
批 准	批准者		项目名称	施工图 设计 土 建 部分
核 定	核定者			
审 查	审查者		大坝右岸基础 开挖剖面图	
校 核	校核者			
设 计	设计者			
制 图	制图者			
项目负责人	项目负责人		比例	日期 日期
设计证号	资质证号		图号	09

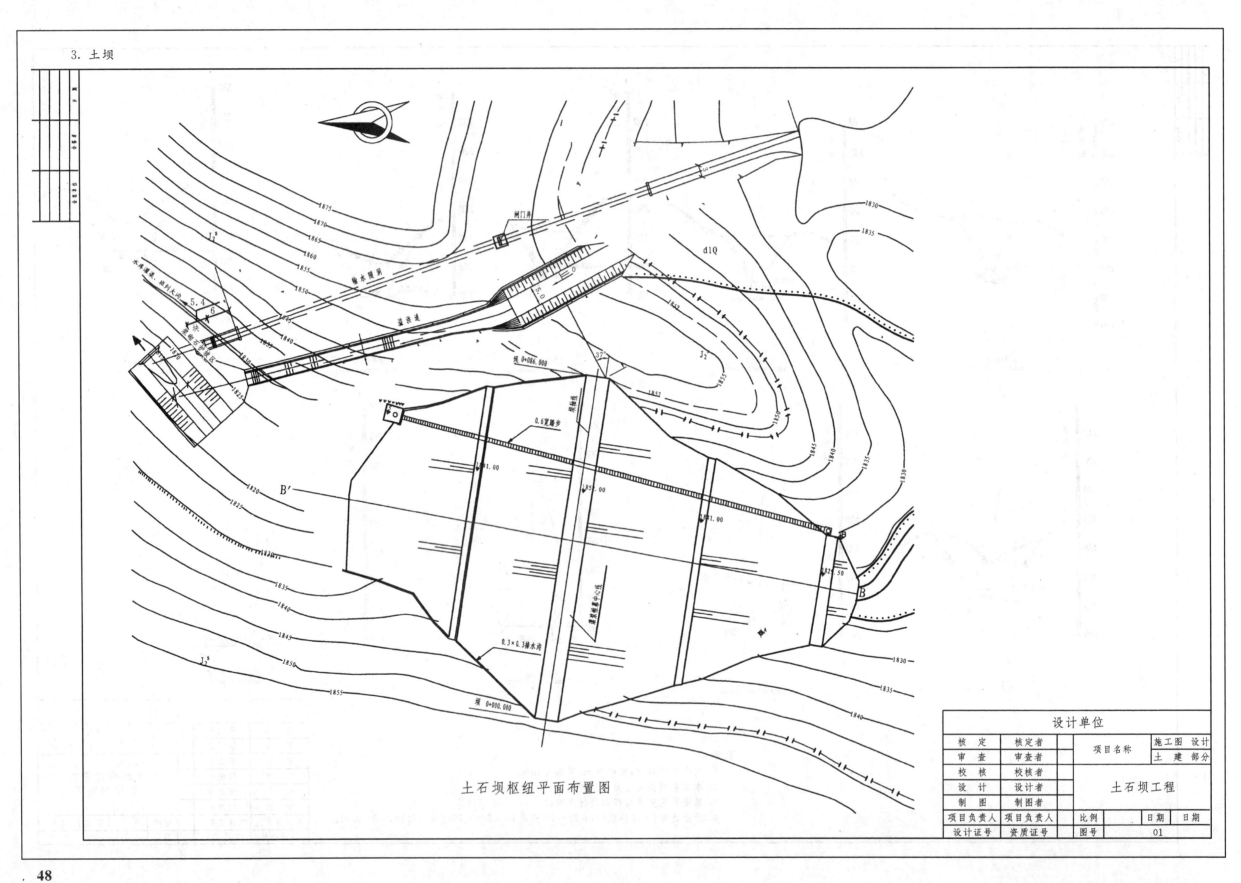

土石坝枢纽平面布置图

设计单位				
核 定	核定者		项目名称	施工图 设计
审 查	审查者			土 建 部分
校 核	校核者			
设 计	设计者		土石坝工程	
制 图	制图者			
项目负责人	项目负责人	比例	日期	日期
设计证号	资质证号	图号		01

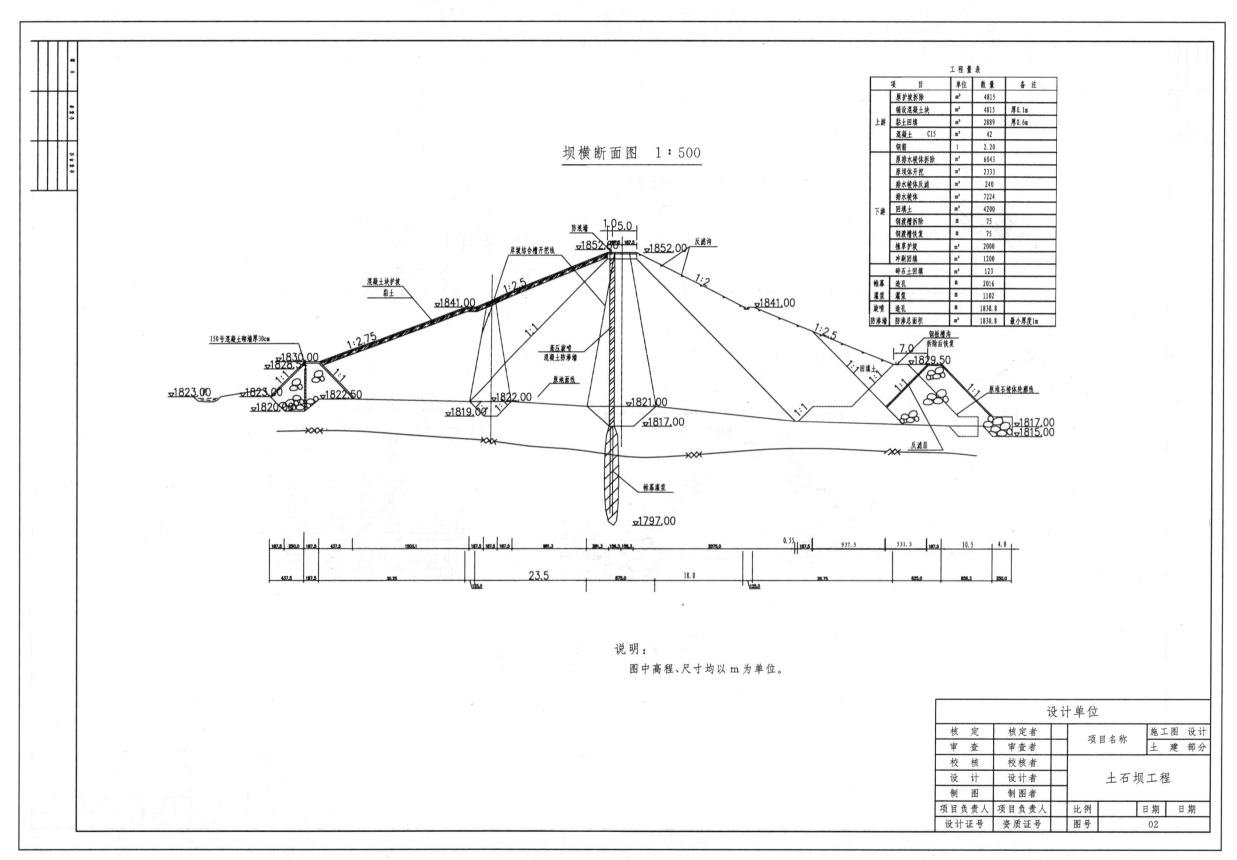

坝横断面图 1∶500

工程量表

	项　目		单位	数量	备注
上游	原护坡拆除		m²	4815	
	铺设混凝土块		m²	4815	厚0.1m
	黏土回填		m³	2889	厚0.6m
	混凝土	C15	m³	42	
	钢筋		t	2.20	
下游	原排水棱体拆除		m³	6043	
	原坝体开挖		m³	2333	
	排水棱体反滤		m³	240	
	排水棱体		m³	7224	
	回填土		m³	4200	
	钢波槽拆除		m	75	
	钢波槽恢复		m	75	
	框草护坡		m²	2000	
	冲刷回填		m³	1200	
	碎石土回填		m³	123	
帷幕	造孔		m	2016	
	灌浆		m	1102	
旋喷	造孔		m	1830.8	
	防渗墙		m²	1830.8	最小厚度1m

说明：

图中高程、尺寸均以 m 为单位。

设计单位

		项目名称	施工图 设计
核　定	核定者		土　建　部分
审　查	审查者		
校　核	校核者		**土石坝工程**
设　计	设计者		
制　图	制图者		
项目负责人	项目负责人	比例	日期　日期
设计证号	资质证号	图号	02

坝顶构造详图 1：50

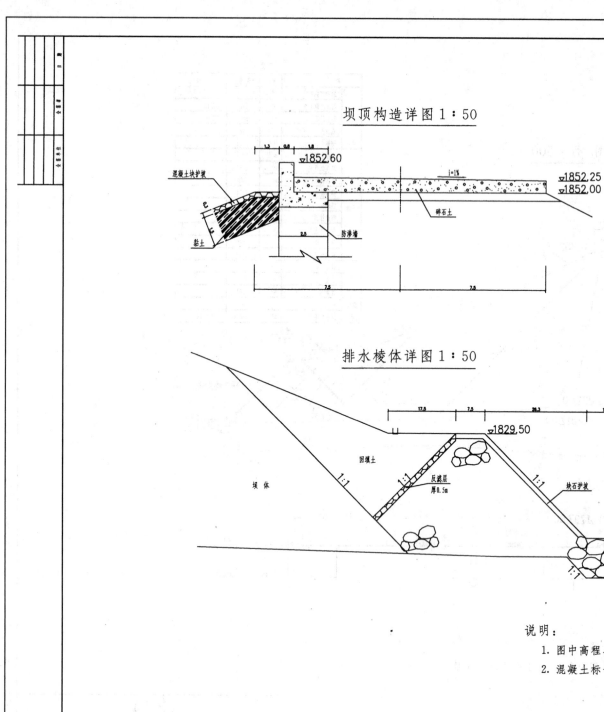

混凝土块护坡
黏土
▽1852.60
▽1852.25
▽1852.00
i=1%
碎石土
防渗墙

排水棱体详图 1：50

回填土
坝体
反滤层
厚0.5m
块石护坡
▽1829.50
1：1
1：1
▽1819.00
▽1817.00
▽1815.00

防浪墙配筋图 1：25

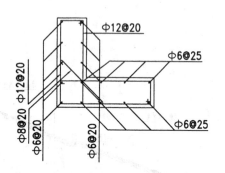

Φ12@20
Φ12@20
Φ8@20
Φ6@20
Φ6@20
Φ6@25
Φ6@25

下游排水棱体反滤级配电线

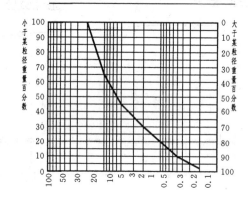

小于某粒径重量百分数
大于某粒径重量百分数

说明：
1. 图中高程、尺寸均以 m 为单位；
2. 混凝土标号 C15，混凝土保护层厚度取 3cm。

设计单位				
核 定	核定者	项目名称	施工图 设计	
审 查	审查者		土 建 部分	
校 核	校核者		土石坝工程	
设 计	设计者			
制 图	制图者			
项目负责人	项目负责人	比例	日期	日期
设计证号	资质证号	图号	03	

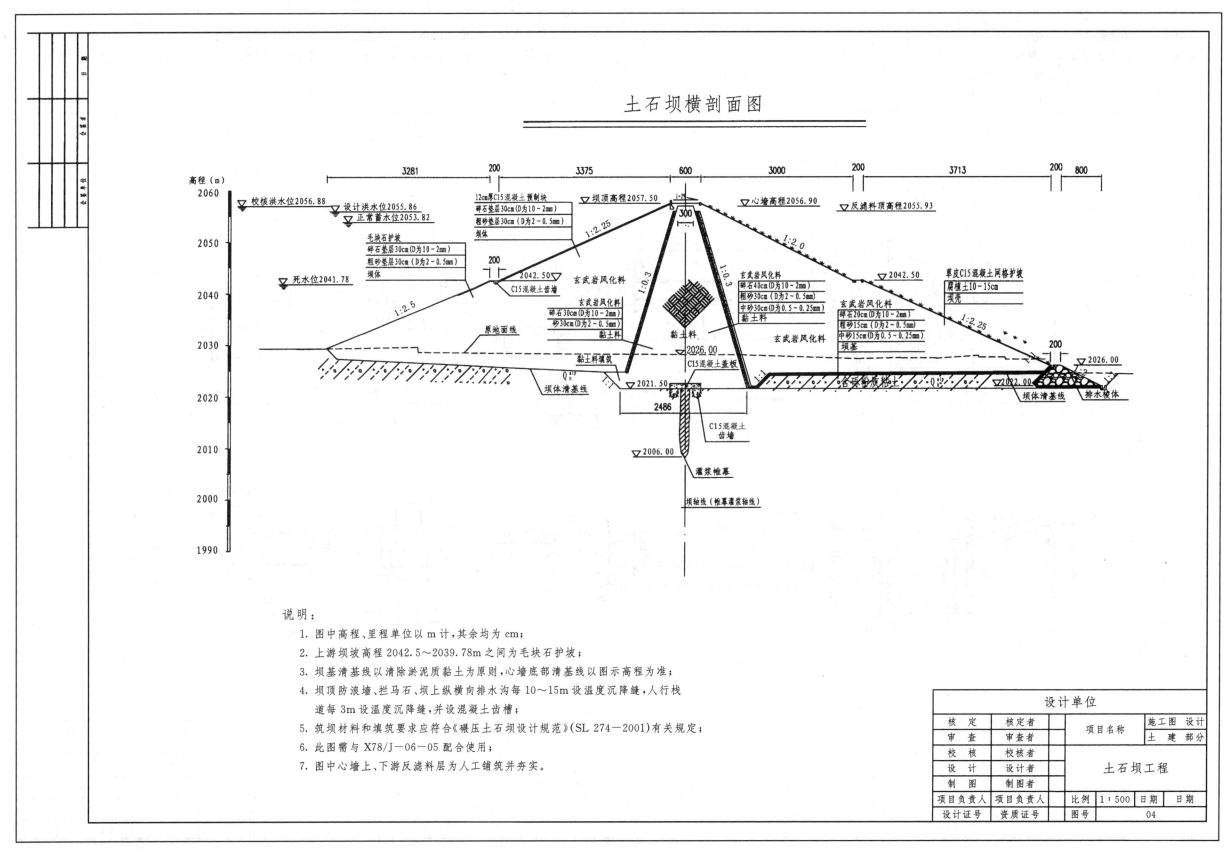

土石坝横剖面图

说明：

1. 图中高程、里程单位以 m 计，其余均为 cm；

2. 上游坝坡高程 2042.5～2039.78m 之间为毛块石护坡；

3. 坝基清基线以清除淤泥质黏土为原则，心墙底部清基线以图示高程为准；

4. 坝顶防浪墙、拦马石、坝上纵横向排水沟每 10～15m 设温度沉降缝，人行栈
道每 3m 设温度沉降缝，并设混凝土齿槽；

5. 筑坝材料和填筑要求应符合《碾压土石坝设计规范》(SL 274－2001) 有关规定；

6. 此图需与 X78/J－06－05 配合使用；

7. 图中心墙上、下游反滤料层为人工铺筑并夯实。

设计单位			
核　定	核定者	项目名称	施工图　设计
审　查	审查者		土　建　部分
校　核	校核者		
设　计	设计者		土石坝工程
制　图	制图者		
项目负责人	项目负责人	比例 1：500	日期　日期
设计证号	资质证号	图号 04	

2.3.3 工作任务3——泵站

2.3.3.1 识读水工图实训要求

(1) 准备工作。资料齐全：泵站的完整图纸及相关专业资料、模型各图片等。

(2) 实训场地。多媒体教室、绘图机房。

(3) 实训实施。教师组织进行，学生按小组或个人完成实训内容。

(4) 实训考核。教师按纪律和实训要求，根据学生表现和提交的实训成果，评定实训成绩。

2.3.3.2 工程实图

1. 泵站

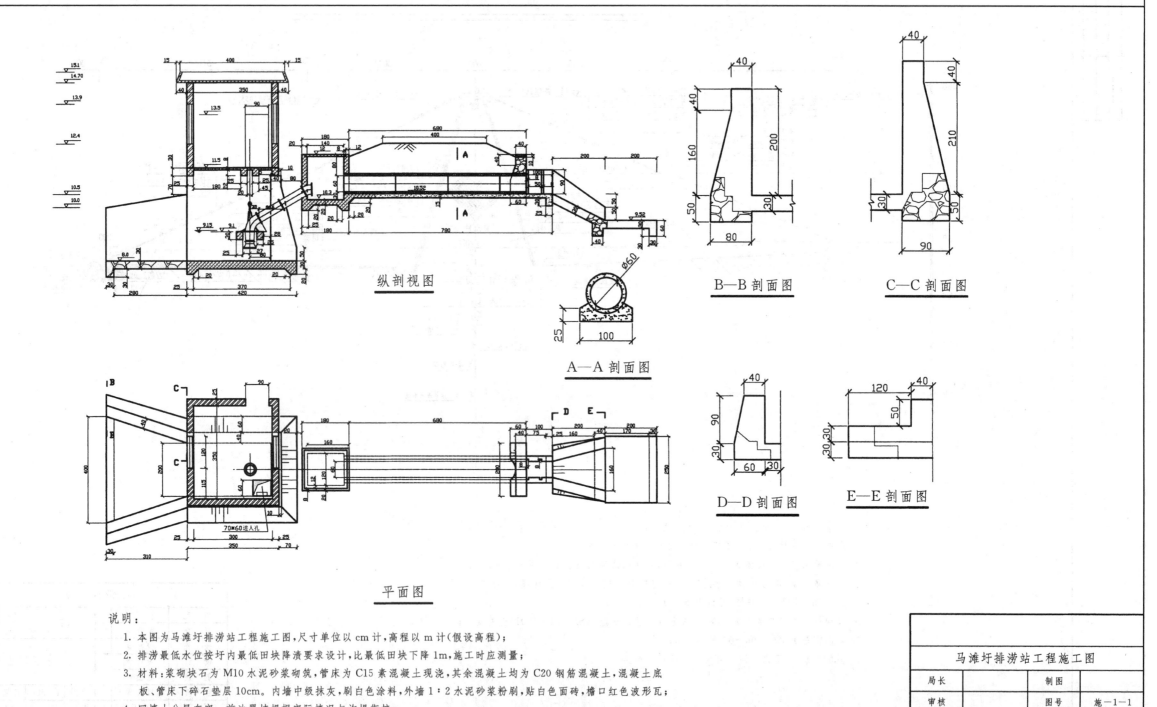

纵剖视图

A—A 剖面图

B—B 剖面图   C—C 剖面图

平面图

D—D 剖面图   E—E 剖面图

说明：
1. 本图为马滩圩排涝站工程施工图，尺寸单位以 cm 计，高程以 m 计(假设高程)；
2. 排涝最低水位按圩内最低田块降渍要求设计，比最低田块下降 1m，施工时应测量；
3. 材料：浆砌块石为 M10 水泥砂浆砌筑，管床为 C15 素混凝土现浇，其余混凝土均为 C20 钢筋混凝土，混凝土底板、管床下碎石垫层 10cm，内墙中级抹灰，刷白色涂料，外墙 1:2 水泥砂浆粉刷，贴白色面砖，檐口红色波形瓦；
4. 回填土分层夯实。前池翼墙根据实际情况与沟堤衔接。

马滩圩排涝站工程施工图			
局长		制图	
审核		图号	施—1—1
设计		日期	

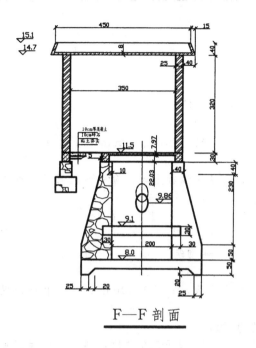

F—F 剖面

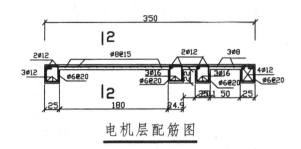

电机层配筋图

2—2 剖面图

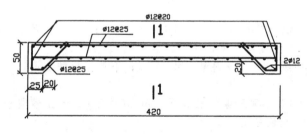

底板配筋图

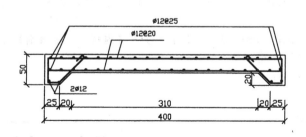

1—1 剖面图

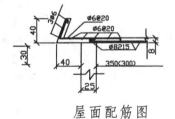

屋面配筋图

电机座螺栓预留孔位置图

水泵座螺栓预留孔位置图

说明:

1. 本工程安装 350ZLB—125 型轴流泵,配
   Y180L—4—18.5kW 电机 1 台套;

2. Ø12 以下钢筋为 I 级钢,Ø12 以上钢筋为 II 级钢。
   钢筋保护层:水下部分为 3cm,水上部分为 2cm。

马滩圩排涝站工程施工图			
局长		制图	
审核		图号	施—1—2
设计		日期	

施 工 设 计 总 说 明

本工程为红星站改建工程,位于繁昌县峨山联圩,设计安装 600ZLB—70 型轴流泵,配套 JSL－11－8 电动机两台套,总装机容量 160kW,渠系配套进水闸两座,孔径 1500×1500。

一、水工工程

1. 土方工程

(1) 基坑开挖时,需拆除原有建筑物时,严禁扰动天然地基,开挖边坡不小于 1:2,并做好降水排水工作。

(2) 基坑机械开挖到底部时,应预留 30cm 的保护层,同时邀请设计等有关部门人员到场进行验槽,以确定是否进行地基处理,底板垫层浇筑前采用人工倒退开挖,并迅速浇筑垫层。

(3) 建筑物周边回填土应采用中、重粉质壤土,严格控制含水量,土方回填时两侧应对称均匀上升,涵身周围及涵顶 1m 以下的土方宜采用人工夯实和小型夯实器具夯实,铺土厚度不大于 30cm,压实度不小于 0.90,铺土前应在建筑物周边和涵洞洞身采用泥浆护壁,回填时注意观测水平及垂直位移。

2. 砌石工程

(1) 干砌石宜采用立砌法,不得叠砌和浮塞,石料最小边厚度不小于 150mm。

(2) 浆砌石宜采用铺浆法,砌体外面和挡土墙的临土面均应勾缝,并以平缝为宜,灰砂比为 1:2,砌体勾缝前应浆缝清理干净,砂浆入缝内约 20mm。

(3) 除图纸注明外,挡土墙的排水管采用直径 50mm 的 PVC 管,间距为 1m。

3. 反滤及永久缝工程

(1) 反滤层铺料时,应使滤料处于湿润状态,并防止杂物和不同规格的料物混入,相邻层面必须拍打平整,做到层次清楚。

(2) 永久缝。止水橡皮接头宜采用热压粘接,也可到生产厂家直接定做,止水橡皮应保持清洁,防止老化,浇筑止水橡皮处混凝土时,不得冲撞止水橡皮,振捣不得触及止水橡皮。

(3) 永久缝须用 DW 闭孔泡沫板隔开,其中涵洞与涵洞之间用厚度为 2mm 的闭孔板隔开,挡土墙分缝处及与其他建筑物连接处均用 1mm 闭孔板隔开。

(4) 每平方米土工布的重量不得小于 250g。

4. 混凝土及钢筋混凝土工程

(1) 混凝土所用水泥应符合国家标准,水泥标号应与设计强度相适应,且 28d 抗压强度不小于 42.5MPa。

(2) 粗细骨料质量应符合现行国家规范要求,混凝土配合比应通过试验室试验确定,且应随施工条件进行现场调整。

(3) 钢筋建议使用马钢公司产品,搭接长度符合现行规范要求,受拉 45d,受压 35d,钢筋接头要错开布置。

5. 材料

(1) 混凝土。垫层及盖帽为 C10,其余为 C20。

(2) 砂浆。浆砌石挡土墙为 M10,其余为 M5。

(3) 钢筋。直径在 10mm 及其以下为 I 级,直径为 10mm 以上为 II 级。

6. 闸门

本涵闸的闸门为铸铁闸门,浇筑闸门槽处混凝土时,应先预埋好闸门框,详见铸铁闸门样本及安装说明书。

二、房建工程

1. 砌体

砌筑砂浆采用 M7.5、MU10 黏土实心砖砌筑。

2. 钢筋混凝土

(1) 钢筋直径为 10mm 及其以下的为 I 级,直径为 10mm 以上的为 II 级,保护层厚度梁 25mm,板 15mm。

(2) 混凝土标号除特别注明外均为 C20。

(3) 凡柱子与墙连接处,柱内必须锚埋 2Φ6.5@500 砖墙拉筋,柱内锚固长度不小于 200mm,伸入墙内不小于 1000mm。

3. 门窗

(1) 大门洞尺寸 3000mm×2400mm,为铝合金卷帘门;小门洞尺寸 2400mm×1200mm,为钢制防盗门,外包镀锌铁皮;大小门各一樘。

(2) 窗洞尺寸。详见图纸,均为塑钢窗,共 12 樘;下层窗设防盗网。

4. 建筑装修

(1) 外墙。12mm 厚 1:3 水泥砂浆打底找平,5mm 厚 1:2 水泥砂浆粉刷,刮腻子,刷高级外墙涂料二度,颜色另定。

(2) 内墙。15mm 厚 1:1:6 混合砂浆打底找平,5mm 厚 1:2 水泥砂浆粉刷,刮腻子,刷白色高级内墙涂料二度。

(3) 天棚。12mm 厚 1:3 水泥砂浆找平,3mm 厚 1:2 水泥砂浆粉刷,刮腻子,刷高级内墙涂料二度。

(4) 屋面。刷纯水泥浆一遍,20mm 厚 1:2 防水砂浆(内掺 5% 防水剂)粉刷。

(5) 檐口及雨篷板底粉刷同天棚。

其余未尽事宜遵循国家现行规范规程。

批 准		项目负责		施 工 设 计 总 说 明		
审 定		设 计				
审 核		制 图		设计阶段	施设	比 例
校 核		描 图		图纸编号	HX－02	日 期

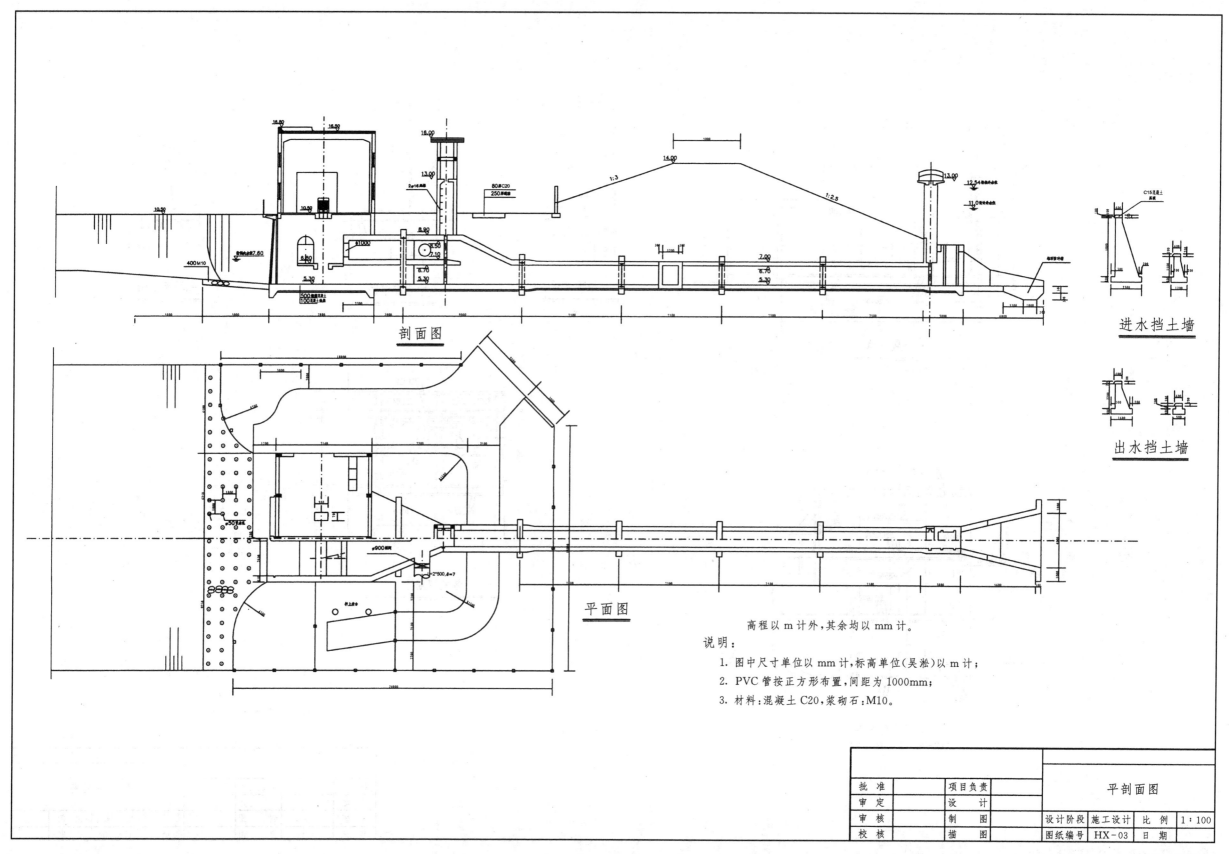

剖面图

进水挡土墙

出水挡土墙

平面图

高程以 m 计外,其余均以 mm 计。

说明:
1. 图中尺寸单位以 mm 计,标高单位(吴淞)以 m 计;
2. PVC 管按正方形布置,间距为 1000mm;
3. 材料:混凝土 C20,浆砌石:M10。

批　准		项目负责			平剖面图	
审　定		设　计				
审　核		制　图		设计阶段	施工设计	比　例	1:100
校　核		描　图		图纸编号	HX-03	日　期	

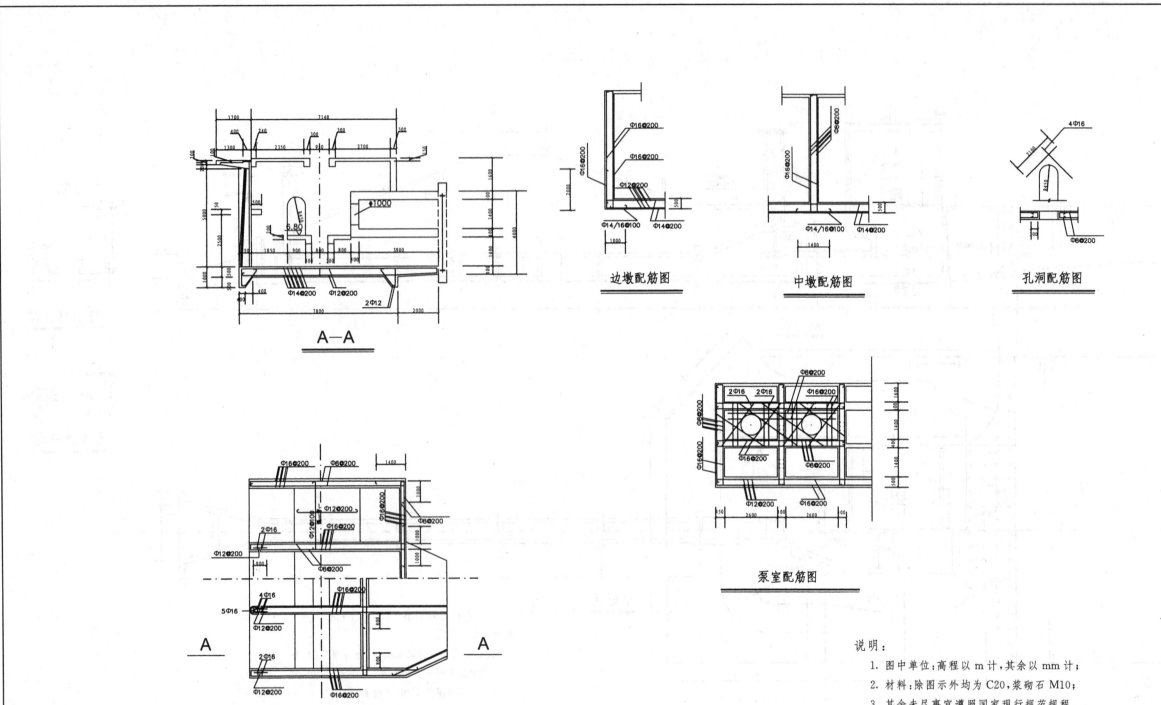

A—A

边墩配筋图

中墩配筋图

孔洞配筋图

泵室配筋图

泵室配筋图

说明：

1. 图中单位：高程以 m 计，其余以 mm 计；

2. 材料：除图示外均为 C20，浆砌石 M10；

3. 其余未尽事宜遵照国家现行规范规程。

批　准		项目负责		水泵层配筋图	
审　定		设　计			
审　核		制　图	设计阶段	施工设计	比　例
校　核		描　图	图纸编号	HX−04	日　期

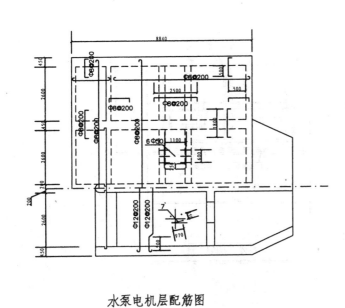

水泵电机层配筋图

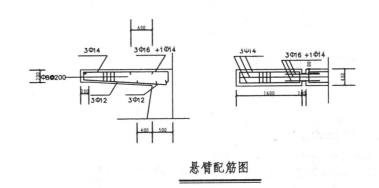

悬臂配筋图

墙基梁配筋图

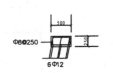

撑梁配筋图

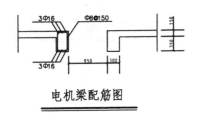

电机梁配筋图

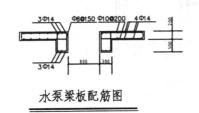

水泵梁板配筋图

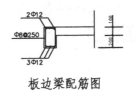

板边梁配筋图

人孔梁配筋图

说明：

1. 图中单位:高程以 m 计,其余以 mm 计；

2. 材料:除图示外均为 C20,浆砌石 M10；

3. 其余未尽事宜遵照国家现行规范规程。

批　准		项目负责		电机层配筋图	
审　定		设　计			
审　核		制　图		设计阶段	施工设计	比　例	
校　核		描　图		图纸编号	HX－05	日　期	

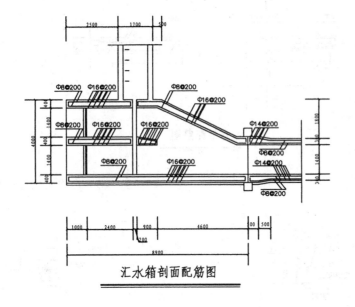

汇水箱剖面配筋图

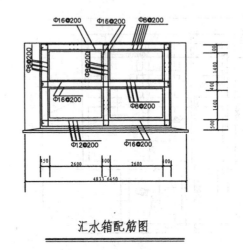

汇水箱配筋图

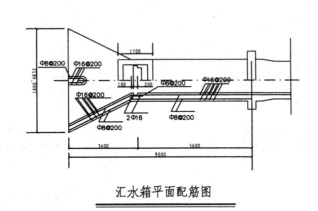

汇水箱平面配筋图

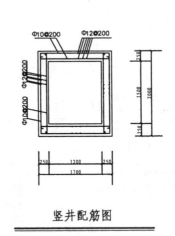

竖井配筋图

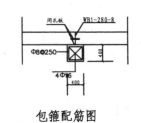

包箍配筋图

说明:

1. 图中单位:高程以 m 计,其余以 mm 计;

2. 材料:除图示外均为 C20,浆砌石 M10;

3. 其余未尽事宜遵照国家现行规范规程。

无为县水利勘探设计室			繁昌县峨山镇红星排涝站改建工程		
批　准		项目负责		汇水箱钢筋图	
审　定		设　计			
审　核		制　图		设计阶段 施工设计	比　例 1:100
校　核		描　图		图纸编号 HX-06	日　期 2008.12

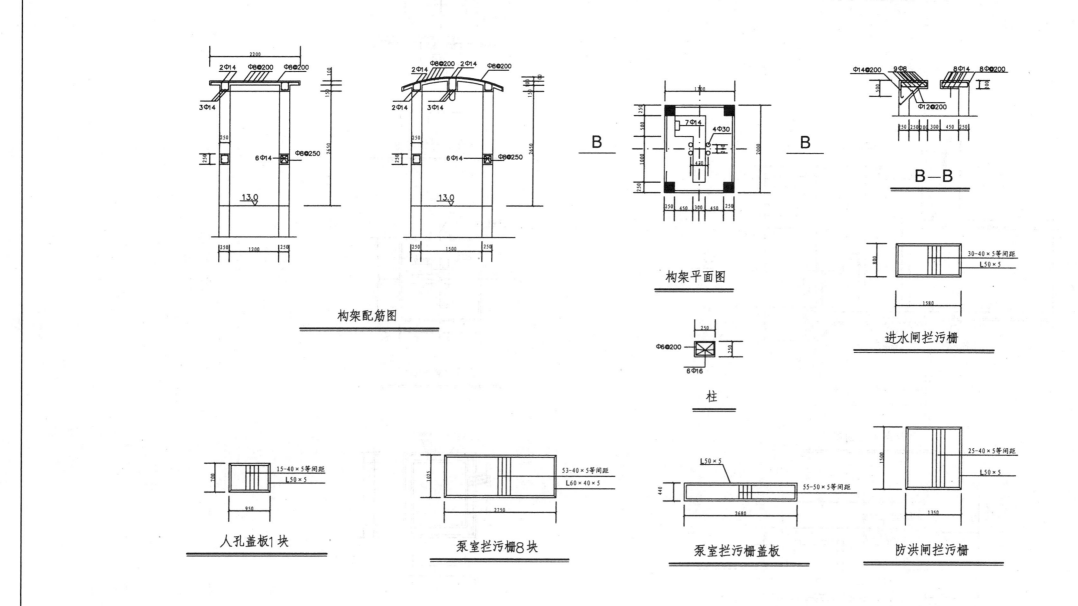

构架配筋图

构架平面图

柱

B—B

进水闸拦污栅

人孔盖板1块

泵室拦污栅8块

泵室拦污栅盖板

防洪闸拦污栅

说明：

1. 图中单位：高程以 m 计，其余以 mm 计；

2. 材料：除图示外均为 C20，浆砌石 M10；

3. 其余未尽事宜遵照国家现行规范规程。

批 准		项目负责		出口控制段钢筋图			
审 定		设 计					
审 核		制 图		设计阶段	施工设计	比 例	
校 核		描 图		图纸编号	HX-07	日 期	

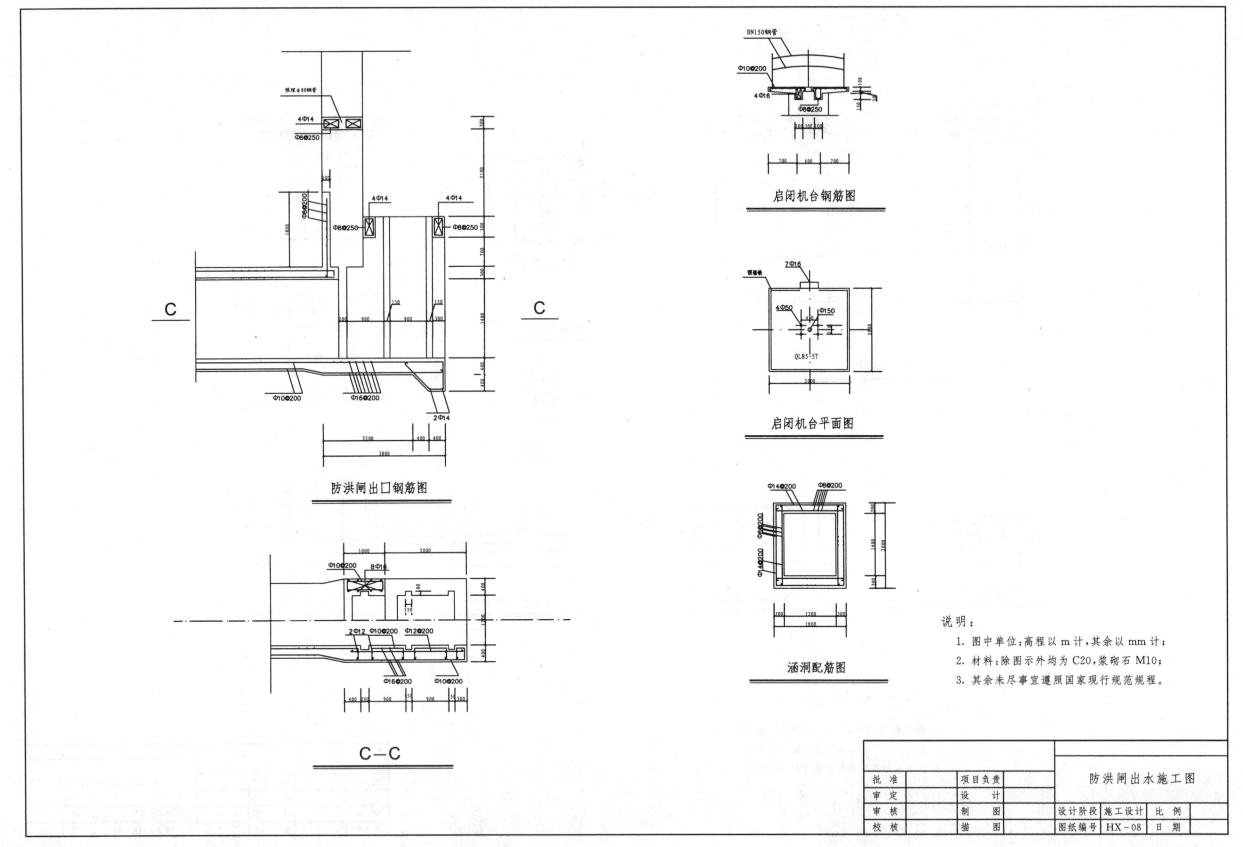

防洪闸出口钢筋图

启闭机台钢筋图

启闭机台平面图

涵洞配筋图

C—C

说明：
1. 图中单位：高程以 m 计，其余以 mm 计；
2. 材料：除图示外均为 C20，浆砌石 M10；
3. 其余未尽事宜遵照国家现行规范规程。

批 准		项目负责		防洪闸出水施工图		
审 定		设 计				
审 核		制 图		设计阶段	施工设计	比 例
校 核		描 图		图纸编号	HX-08	日 期

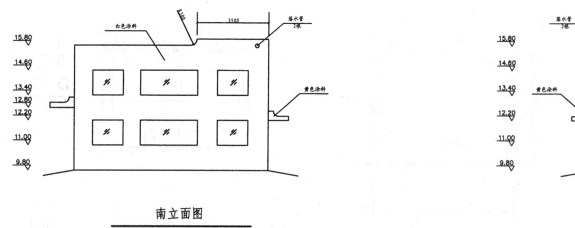

南立面图

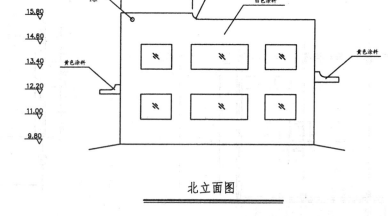

北立面图

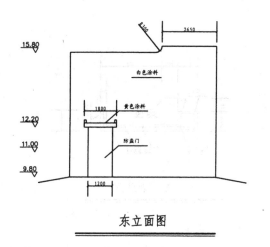

东立面图

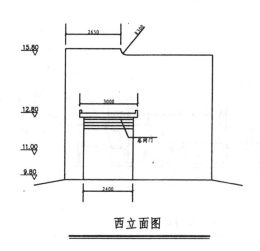

西立面图

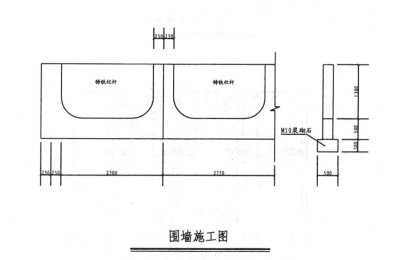

围墙施工图

说明：

1. 图中单位：高程以 m 计,其余以 mm 计;
2. 材料：除图示外均为 C20,浆砌石 M10;
3. 其余未尽事宜遵照国家现行规范规程。

批 准		项目负责		房屋立面图	
审 定		设 计			
审 核		制 图		设计阶段 施工设计	比 例
校 核		描 图		图纸编号 HX-09	日 期

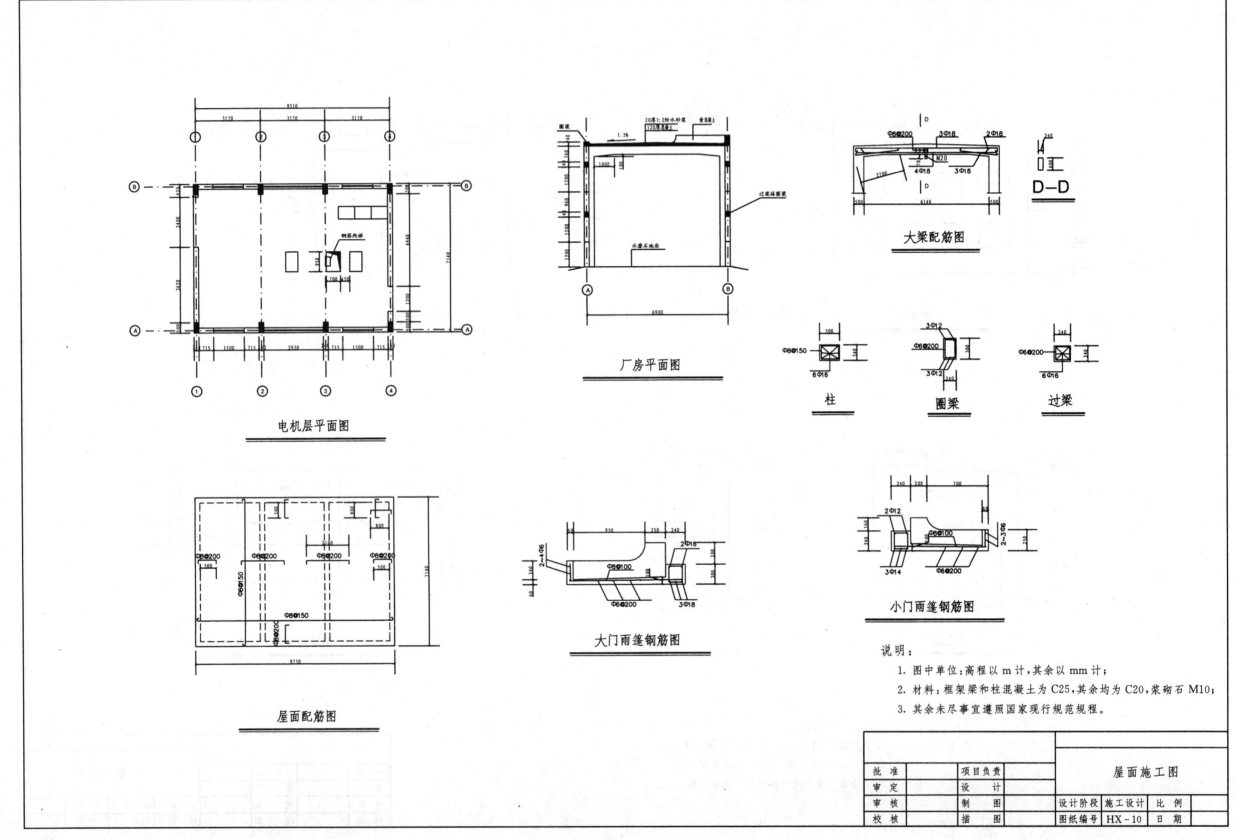

电机层平面图

厂房平面图

大梁配筋图

柱　　圈梁　　过梁

屋面配筋图

大门雨篷钢筋图

小门雨篷钢筋图

说明：

1. 图中单位：高程以 m 计，其余以 mm 计；

2. 材料：框架梁和柱混凝土为 C25，其余均为 C20，浆砌石 M10；

3. 其余未尽事宜遵照国家现行规范规程。

屋面施工图

批　准		项目负责				
审　定		设　计				
审　核		制　图		设计阶段	施工设计	比　例	
校　核		描　图		图纸编号	HX-10	日　期	

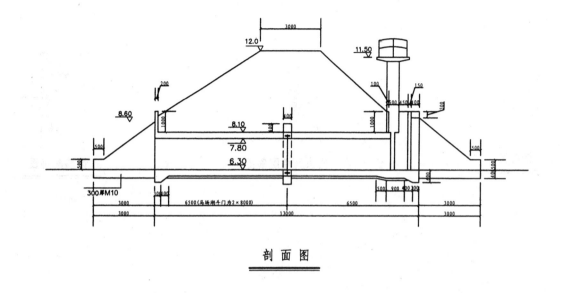

剖 面 图

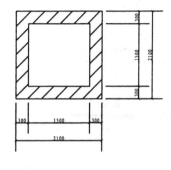

涵洞剖面图

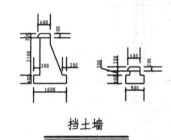

挡土墙

说明:

1. 图中单位:高程以 m 计,其余以 mm 计;

2. 材料:除图示外均为 C20,浆砌石 M10;

3. 其余未尽事宜遵照国家现行规范规程。

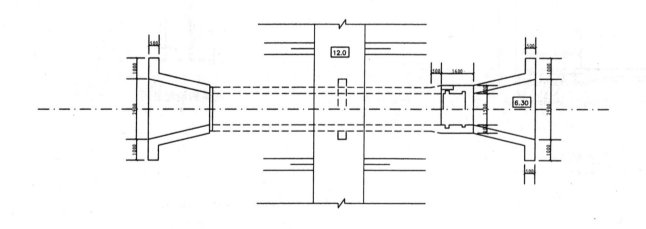

平 面 图

批　准		项目负责		进水控制闸平剖面图	
审　定		设　计			
审　核		制　图		设计阶段 施工设计	比　例
校　核		描　图		图纸编号 HX－11	日　期

63

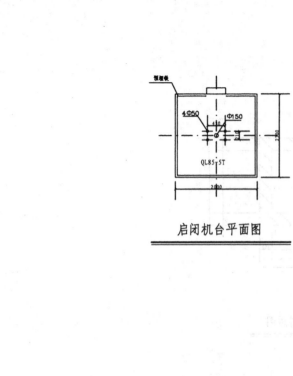

启闭机台平面图

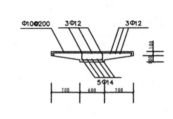

启闭机台钢筋图

闸头胸墙配筋图

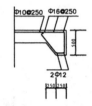

齿墙配筋图

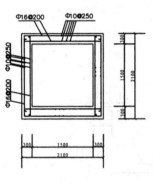

涵洞配筋图

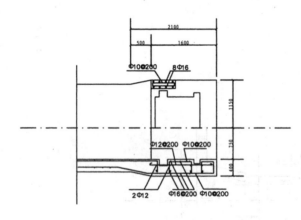

闸头配筋图

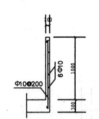

闸尾胸墙配筋图

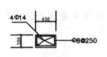

撑梁配筋图

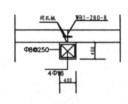

包箍配筋图

说明：
1. 图中单位:高程以 m 计,其余以 mm 计;
2. 材料:除图示外均为 C20,浆砌石 M10;
3. 其余未尽事宜遵照国家现行规范规程。

批 准		项目负责		进水控制闸配筋图				
审 定		设 计						
审 核		制 图		设计阶段	施工设计	比 例		
校 核		描 图		图纸编号	HX-12	日 期		

2.3.4 工作任务4——渡槽与倒虹吸

2.3.4.1 识读水工图实训要求

(1) 准备工作。资料齐全：渡槽与倒虹吸的完整图纸及相关专业资料、模型各图片等。

(2) 实训场地。多媒体教室、绘图机房。

(3) 实训实施。教师组织进行，学生按小组或个人完成实训内容。

(4) 实训考核。教师按纪律和实训要求，根据学生表现和提交的实训成果，评定实训成绩。

2.3.4.2 工程实图

1. 渡槽

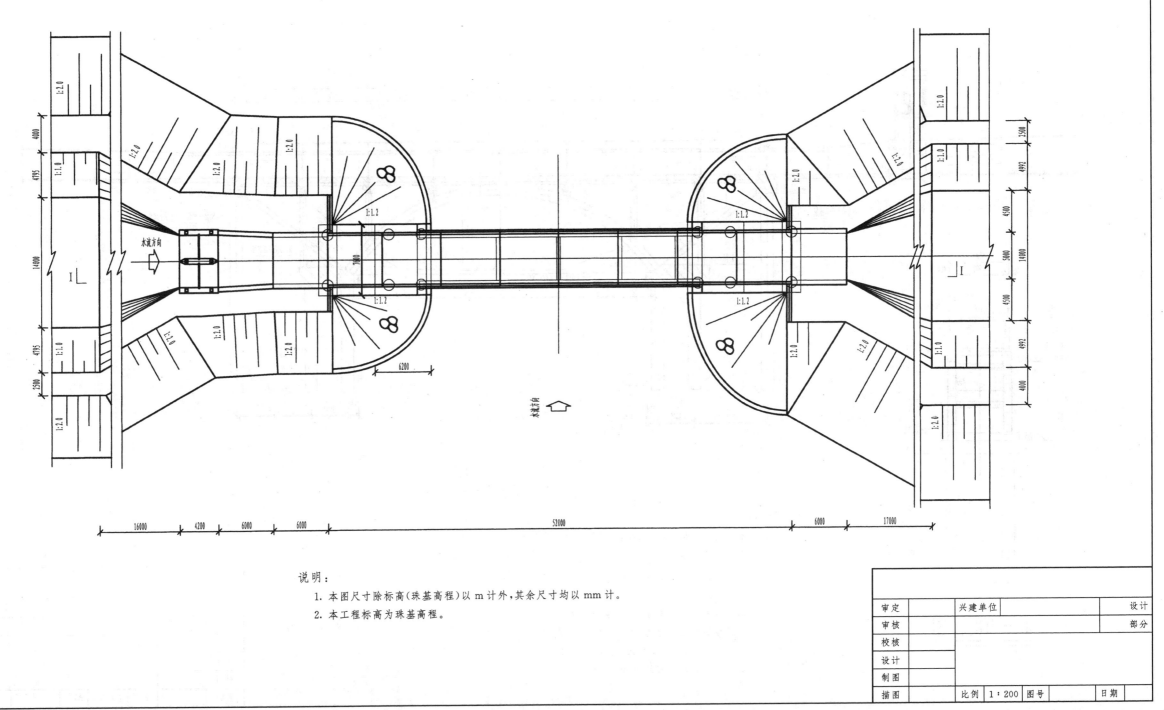

说明：
1. 本图尺寸除标高(珠基高程)以 m 计外，其余尺寸均以 mm 计。
2. 本工程标高为珠基高程。

审定	兴建单位		设计
审核			部分
校核			
设计			
制图			
描图	比例	1:200 图号	日期

65

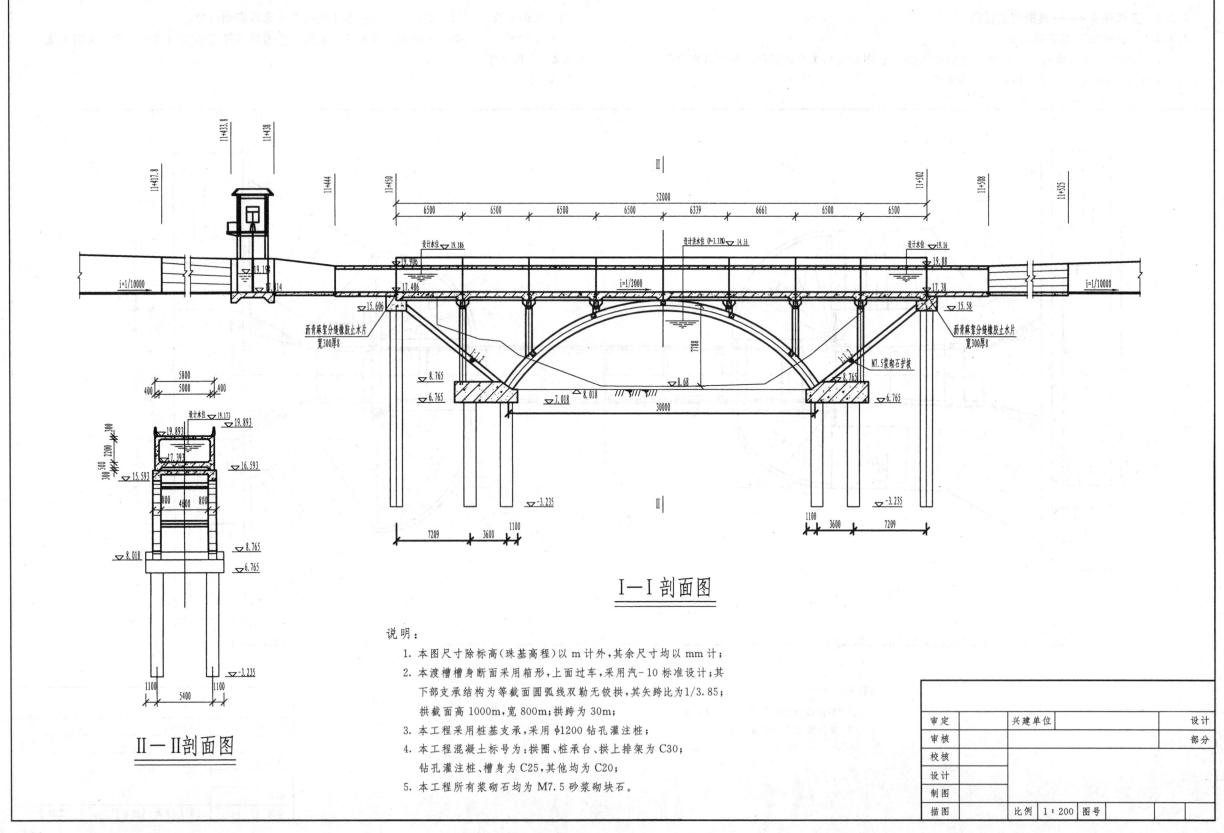

I—I 剖面图

II—II 剖面图

说明：

1. 本图尺寸除标高（珠基高程）以 m 计外，其余尺寸均以 mm 计；
2. 本渡槽槽身断面采用箱形，上面过车，采用汽-10 标准设计；其下部支承结构为等截面圆弧线双肋无铰拱，其矢跨比为 1/3.85；拱截面高 1000m，宽 800m；拱跨为 30m；
3. 本工程采用桩基支承，采用 φ1200 钻孔灌注桩；
4. 本工程混凝土标号为：拱圈、桩承台、拱上排架为 C30；钻孔灌注桩、槽身为 C25，其他均为 C20；
5. 本工程所有浆砌石均为 M7.5 砂浆砌块石。

审定	兴建单位		设计
审核			部分
校核			
设计			
制图			
描图		比例 1：200	图号	

2. 倒虹吸

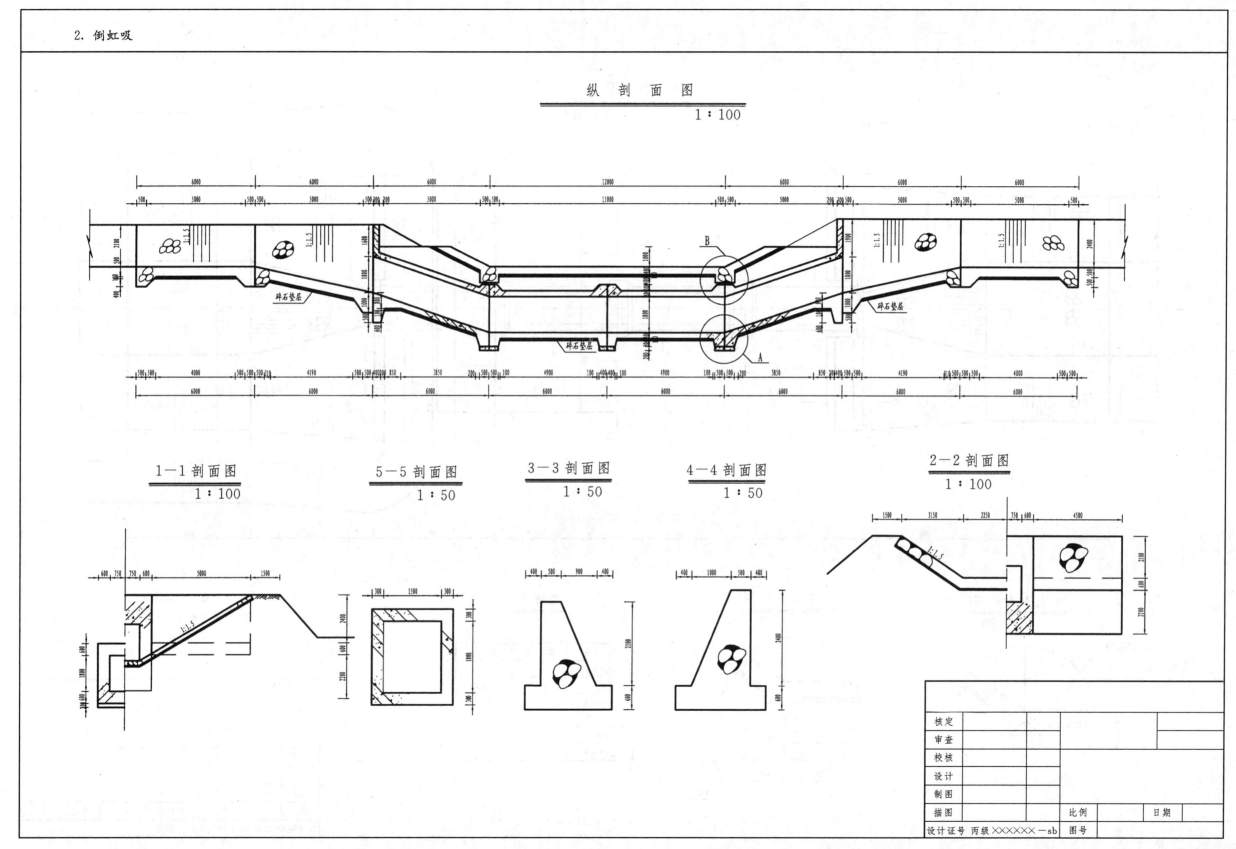

纵 剖 面 图
1：100

1—1 剖面图
1：100

5—5 剖面图
1：50

3—3 剖面图
1：50

4—4 剖面图
1：50

2—2 剖面图
1：100

核定		
审查		
校核		
设计		
制图		
描图		比例	日期
设计证号 丙级××××××—sb	图号	

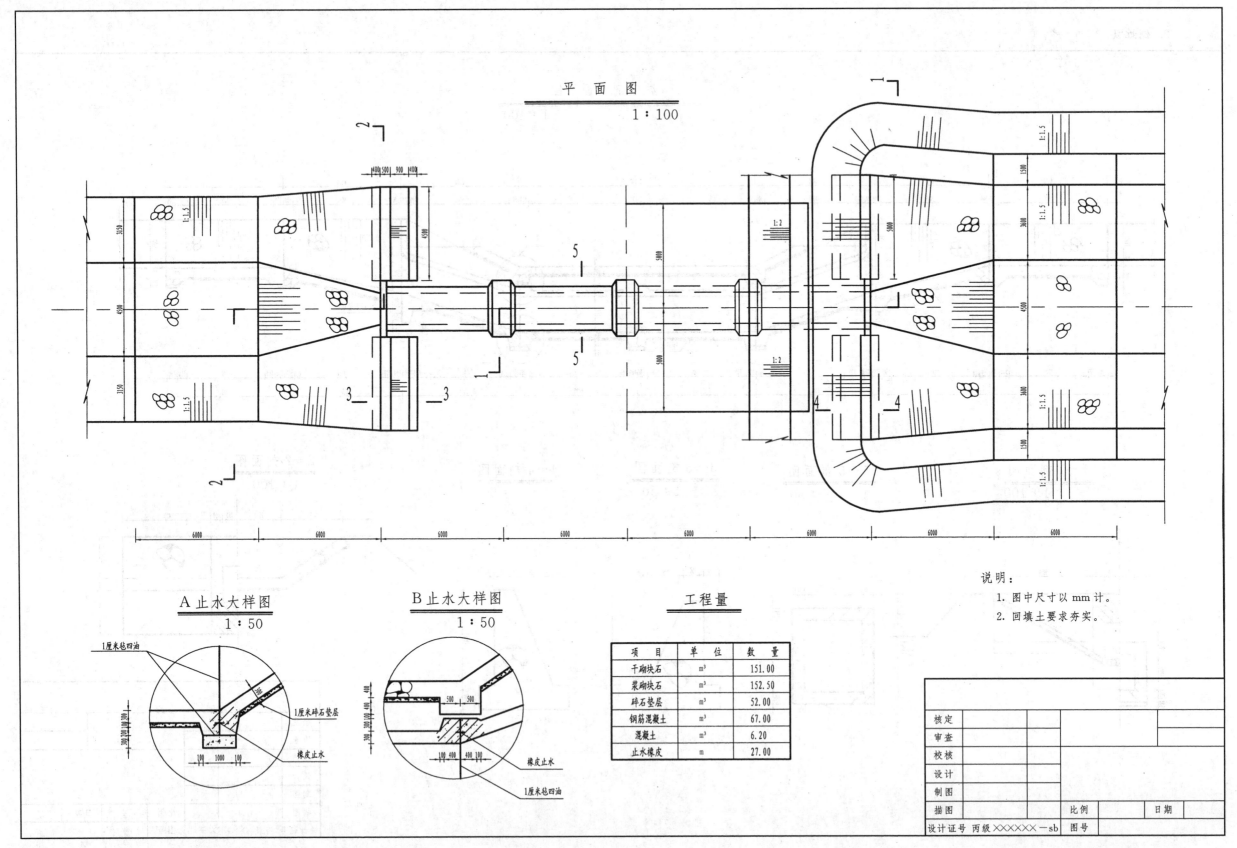

平面图
1 : 100

A 止水大样图
1 : 50

1厘米毡四油
1厘米碎石垫层
橡皮止水

B 止水大样图
1 : 50

橡皮止水
1厘米毡四油

工程量

项目	单位	数量
干砌块石	m³	151.00
浆砌块石	m³	152.50
碎石垫层	m³	52.00
钢筋混凝土	m³	67.00
混凝土	m³	6.20
止水橡皮	m	27.00

说明：
1. 图中尺寸以 mm 计。
2. 回填土要求夯实。

核定			
审查			
校核			
设计			
制图			
描图		比例	日期
设计证号 丙级×××××—sb		图号	

68

2.3.5 工作任务5——农桥

2.3.5.1 识读水工图实训要求

(1) 准备工作。资料齐全：农桥的完整图纸及相关专业资料、模型各图片等。

(2) 实训场地。多媒体教室、绘图机房。

(3) 实训实施。教师组织进行，学生按小组或个人完成实训内容。

(4) 实训考核。教师按纪律和实训要求，根据学生表现和提交的实训成果，评定实训成绩。

2.3.5.2 工程实图

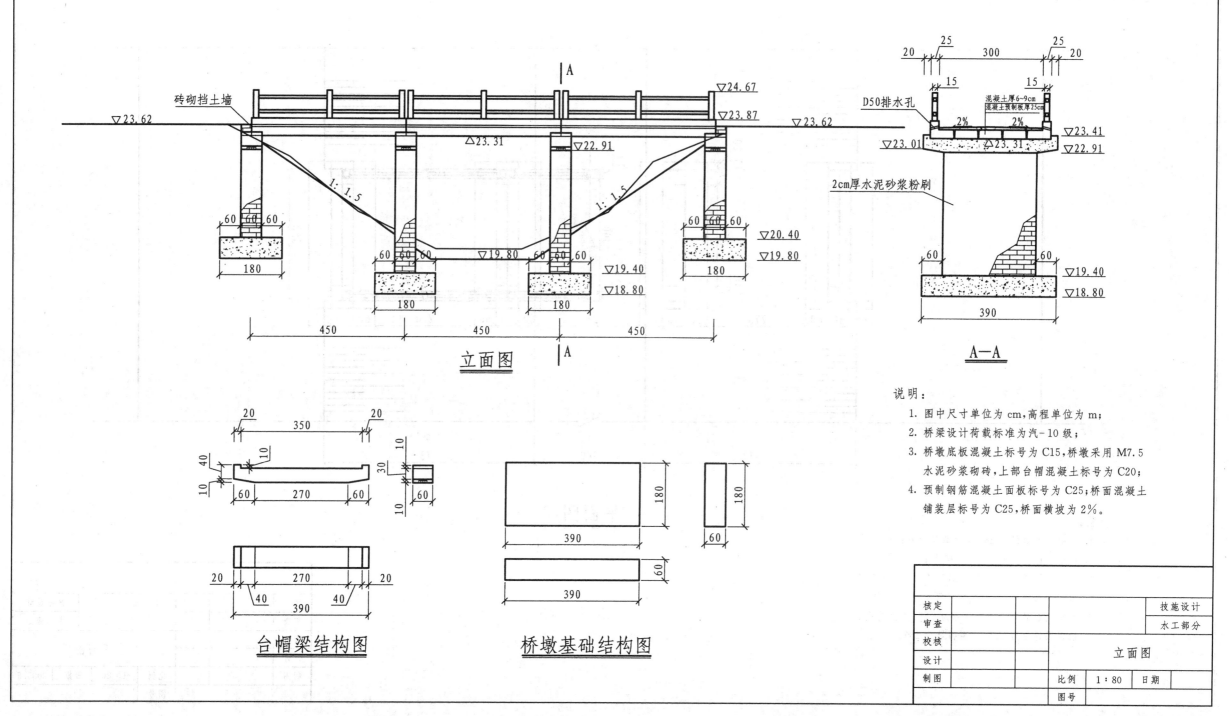

立面图

A—A

台帽梁结构图

桥墩基础结构图

说明：

1. 图中尺寸单位为 cm,高程单位为 m;

2. 桥梁设计荷载标准为汽-10 级;

3. 桥墩底板混凝土标号为 C15,桥墩采用 M7.5 水泥砂浆砌砖,上部台帽混凝土标号为 C20;

4. 预制钢筋混凝土面板标号为 C25;桥面混凝土铺装层标号为 C25,桥面横坡为 2%。

核定			技施设计
审查			水工部分
校核			立面图
设计			
制图		比例 1：80	日期
		图号	

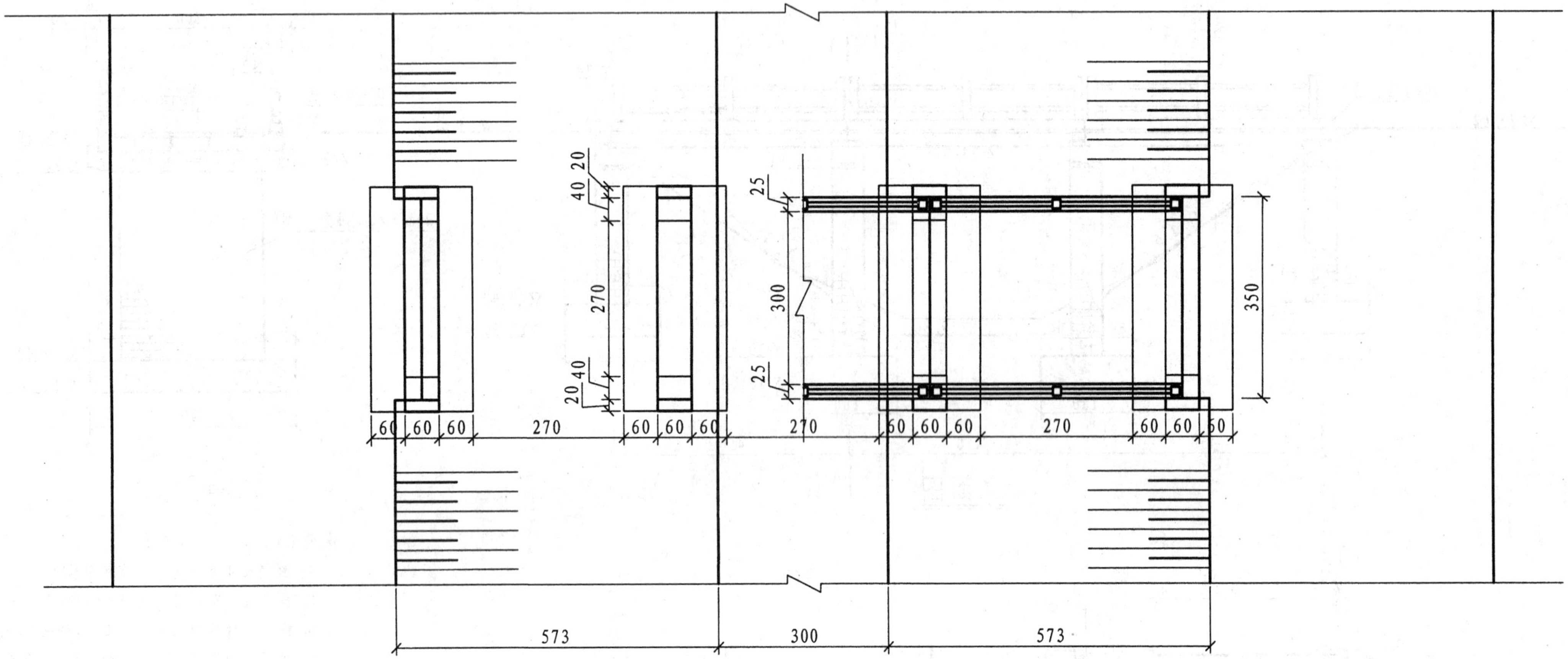

平面图

说明:
1. 图中尺寸单位为 cm,高程单位为 m;
2. 桥梁设计荷载标准为汽-10级;
3. 桥墩底板混凝土标号为 C15,桥墩采用 M7.5
   水泥砂浆砌砖,上部台帽混凝土标号为 C20;
4. 预制钢筋混凝土面板标号为 C25;桥面混凝土
   铺装层标号为 C25,桥面横坡为 2%。

核定			技施设计
审查			水工部分
校核			
设计			平面图
制图			比例 1:80 日期 2005.6
			图号

尺寸: 40 20, 270, 20 40, 60 60 60, 270, 60 60 60, 25, 300, 25, 270, 60 60 60, 270, 60 60 50, 350

573 300 573

2.3.6 工作任务6——跌水

2.3.6.1 识读水工图实训要求

(1) 准备工作。资料齐全：跌水的完整图纸及相关专业资料、模型各图片等。

(2) 实训场地。多媒体教室、绘图机房。

(3) 实训实施。教师组织进行，学生按小组或个人完成实训内容。

(4) 实训考核。教师按纪律和实训要求，根据学生表现和提交的实训成果，评定实训成绩。

2.3.6.2 工程实图

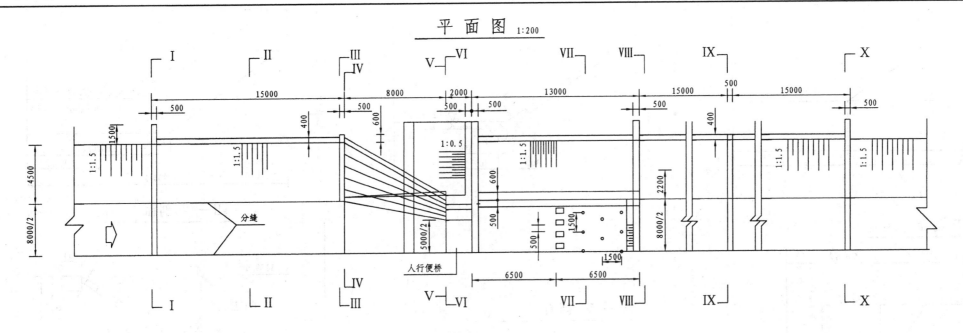

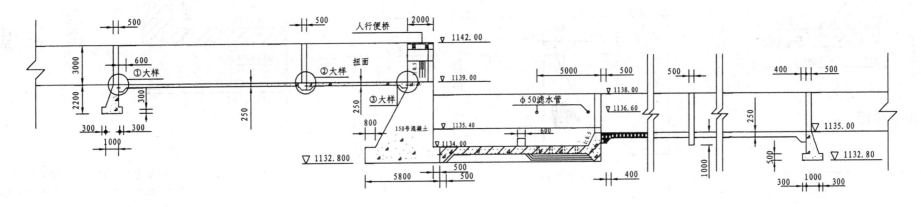

说明：

1. 本图尺寸除高程以 m 计外，其余均以 mm 计；

2. 图中消力池采用 200 号钢混凝土，其余均采用 150 号混凝土；

3. 滤水孔尺寸为 φ100mm，间距 1500mm，呈梅花形布置，消力齿尺寸为：400mm×600mm×600mm；

4. 反滤料每层厚度均为 150mm；粒径由上至下分为：20~40mm，5~20mm，0.5~5mm；底板及边坡均需铺 300mm 厚戈壁垫层；

5. 进口段混凝土底板分一道缝，渐变段采用 150 号浆砌石砌筑；

6. 钢筋采用 I 级钢筋。

审定		兴建单位		设计
审核				部分
校核				
设计				
制图				
描图		比例 1：200	图号	日期

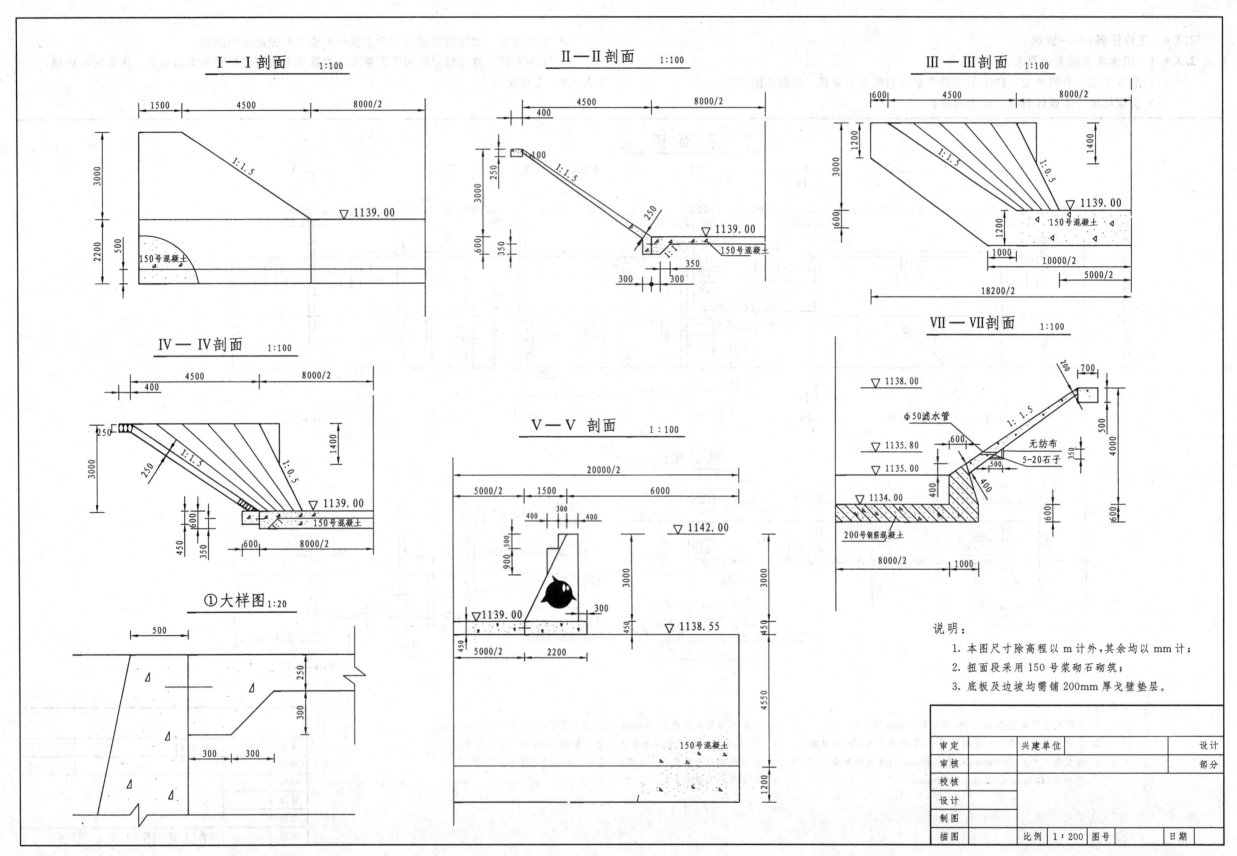

Ⅰ—Ⅰ剖面 1:100

Ⅱ—Ⅱ剖面 1:100

Ⅲ—Ⅲ剖面 1:100

Ⅳ—Ⅳ剖面 1:100

Ⅴ—Ⅴ剖面 1:100

Ⅶ—Ⅶ剖面 1:100

①大样图 1:20

说明：
1. 本图尺寸除高程以 m 计外,其余均以 mm 计;
2. 扭面段采用 150 号浆砌石砌筑;
3. 底板及边坡均需铺 200mm 厚戈壁垫层。

审定		兴建单位		设计
审核				部分
校核				
设计				
制图				
描图		比例 1:200	图号	日期

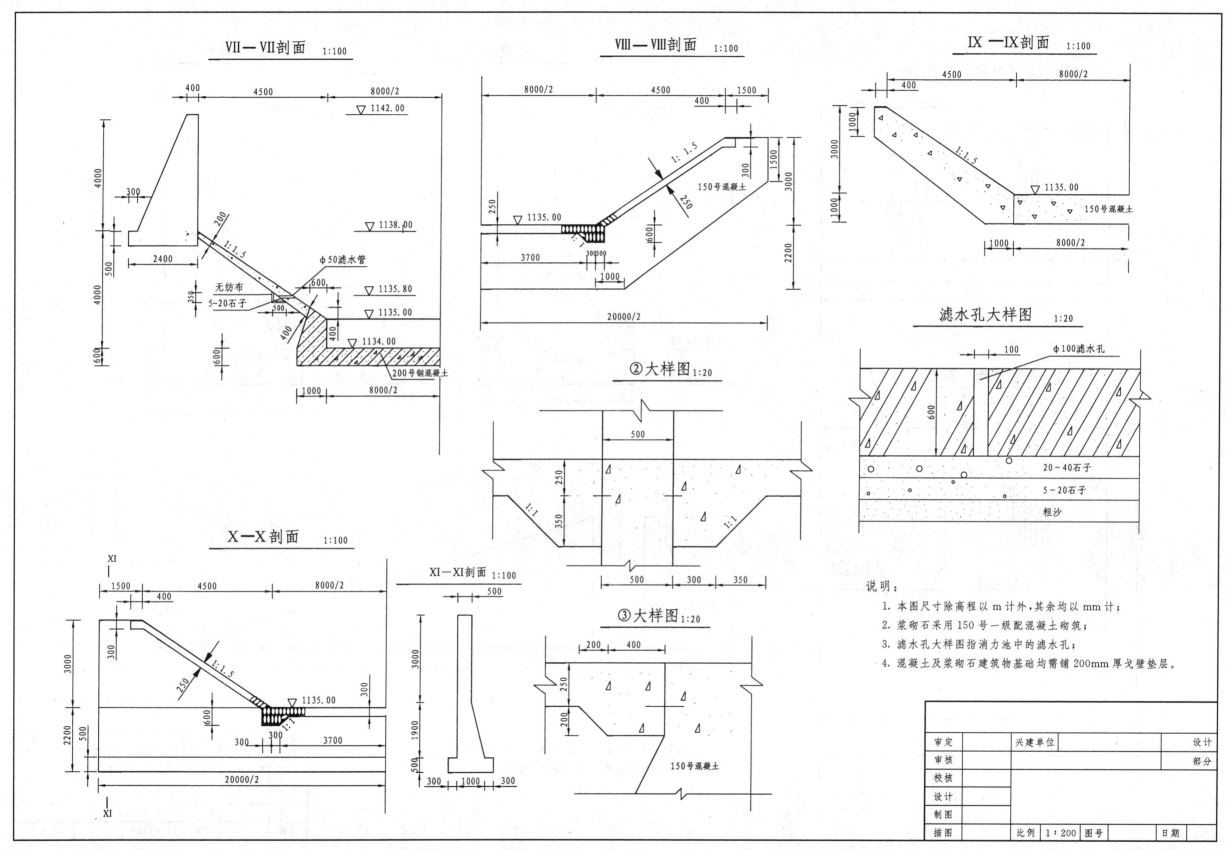

VII—VII剖面 1:100

IX—IX剖面 1:100

VIII—VIII剖面 1:100

滤水孔大样图 1:20

②大样图 1:20

X—X剖面 1:100

XI—XI剖面 1:100

③大样图 1:20

说明:
1. 本图尺寸除高程以 m 计外,其余均以 mm 计;
2. 浆砌石采用 150 号一级配混凝土砌筑;
3. 滤水孔大样图指消力池中的滤水孔;
4. 混凝土及浆砌石建筑物基础均需铺 200mm 厚戈壁垫层。

审定		兴建单位		设计
审核				部分
校核				
设计				
制图				
描图		比例 1:200	图号	日期

73

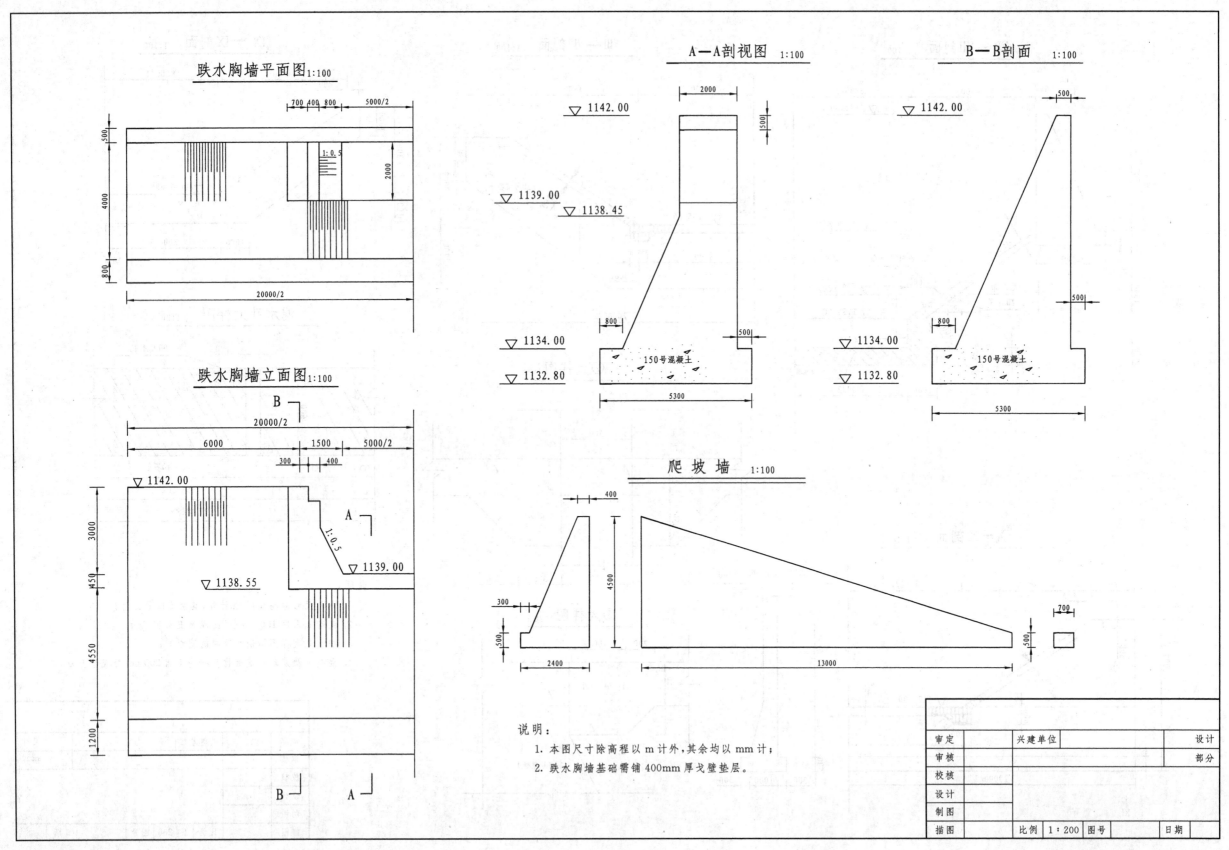

跌水胸墙平面图 1:100

跌水胸墙立面图 1:100

A—A剖视图 1:100

B—B剖面 1:100

爬坡墙 1:100

说明：
1. 本图尺寸除高程以 m 计外,其余均以 mm 计;
2. 跌水胸墙基础需铺 400mm 厚戈壁垫层。

审定		兴建单位		设计
审核				部分
校核				
设计				
制图				
描图		比例 1:200	图号	日期

74

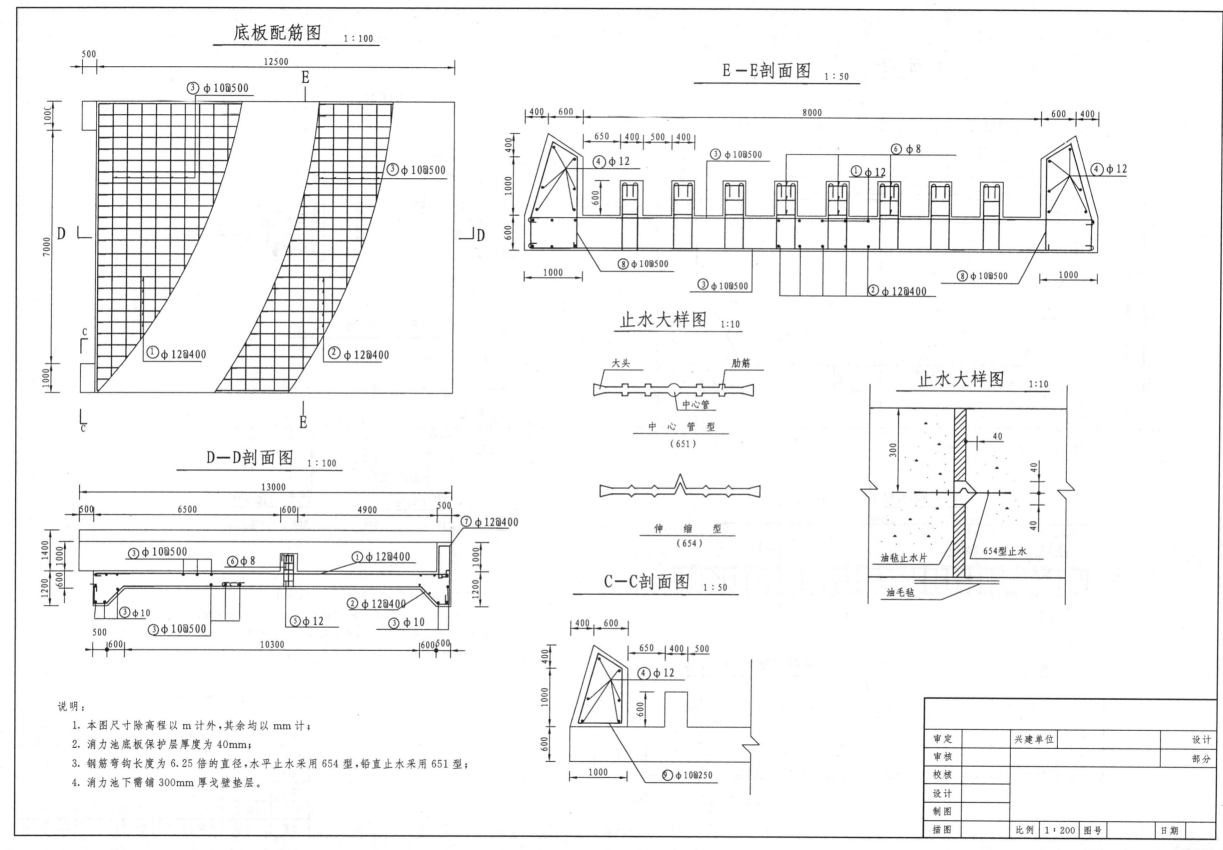

底板配筋图 1:100

E－E剖面图 1:50

止水大样图 1:10

大头　肋筋

中心管

中　心　管　型
（651）

伸　缩　型
（654）

止水大样图 1:10

油毡止水片

油毛毡

654型止水

D－D剖面图 1:100

C－C剖面图 1:50

说明：
1. 本图尺寸除高程以 m 计外,其余均以 mm 计;
2. 消力池底板保护层厚度为 40mm;
3. 钢筋弯钩长度为 6.25 倍的直径,水平止水采用 654 型,铅直止水采用 651 型;
4. 消力池下需铺 300mm 厚戈壁垫层。

审定	兴建单位		设计
审核			部分
校核			
设计			
制图			
描图	比例 1:200	图号	日期

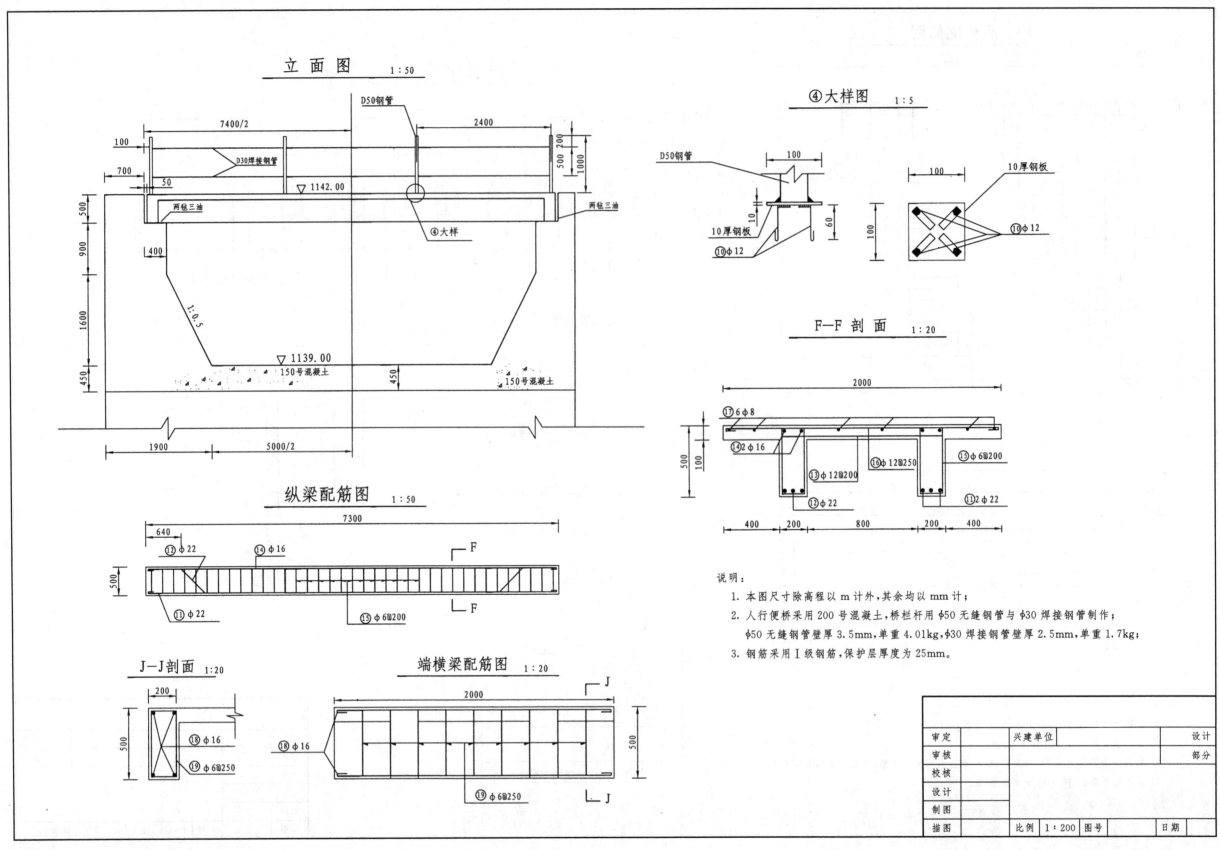

立面图　1:50

D50钢管

7400/2　　2400

D30焊接钢管

▽1142.00

两毡三油　　　④大样　　　两毡三油

1:0.5

▽1139.00
150号混凝土　　　150号混凝土

1900　　5000/2

④大样图　1:5

D50钢管

10厚钢板

⑩φ12

10厚钢板

⑩φ12

10厚钢板

⑩φ12

F—F 剖面　1:20

2000

⑰6φ8

⑭2φ16

⑬φ12@200

⑫φ22

⑯φ12@250

⑬φ6@200

⑪2φ22

400　200　800　200　400

纵梁配筋图　1:50

7300

640

⑫φ22　　⑭φ16　　F

⑪φ22　　⑮φ6@200　　F

说明:

1. 本图尺寸除高程以 m 计外,其余均以 mm 计;

2. 人行便桥采用 200 号混凝土,桥栏杆用 φ50 无缝钢管与 φ30 焊接钢管制作;
   φ50 无缝钢管壁厚3.5mm,单重 4.01kg,φ30 焊接钢管壁厚 2.5mm,单重 1.7kg;

3. 钢筋采用Ⅰ级钢筋,保护层厚度为25mm。

J—J剖面　1:20

200

⑱φ16

⑲φ6@250

端横梁配筋图　1:20

2000

⑱φ16

⑲φ6@250

审定	兴建单位		设计
审核			部分
校核			
设计			
制图			
描图	比例　1:200	图号	日期

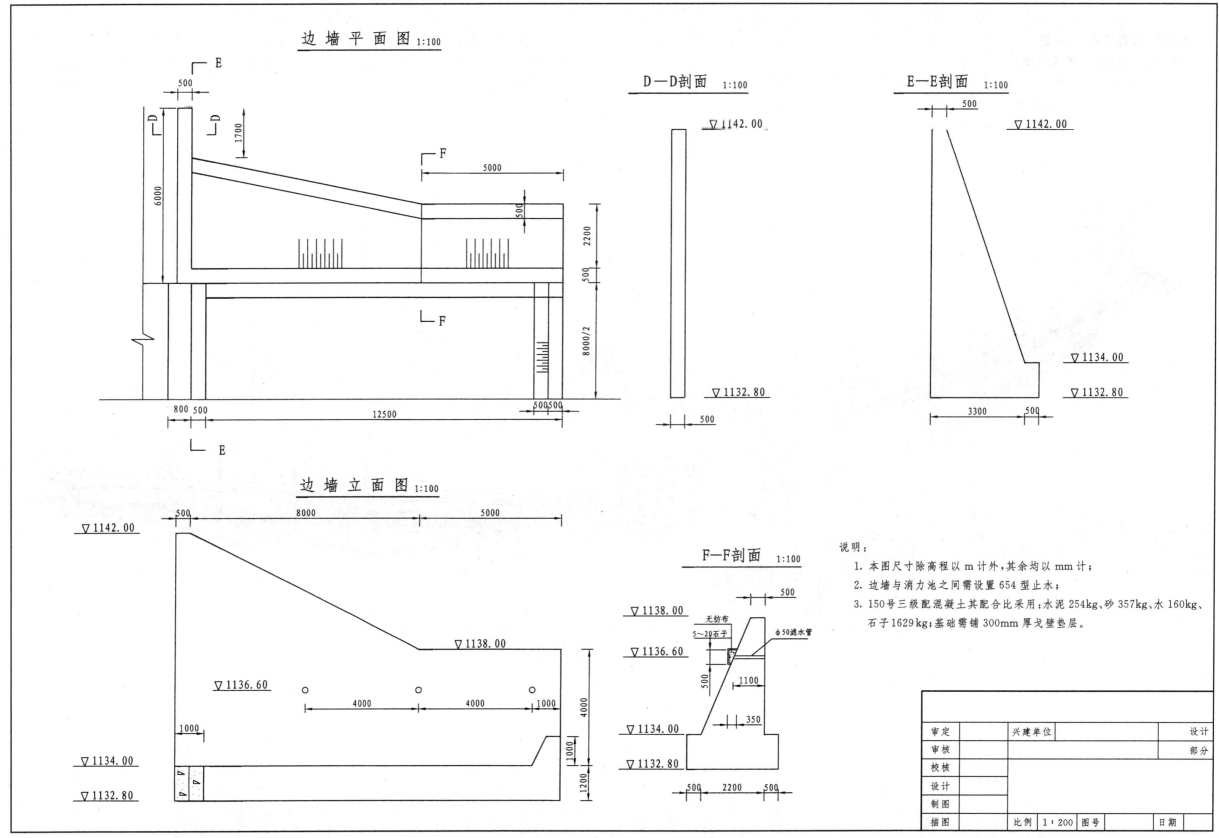

边墙平面图 1:100

D—D剖面 1:100

E—E剖面 1:100

边墙立面图 1:100

F—F剖面 1:100

说明:
1. 本图尺寸除高程以 m 计外,其余均以 mm 计;
2. 边墙与消力池之间需设置654型止水;
3. 150号三级配混凝土其配合比采用:水泥254kg、砂357kg、水160kg、石子1629kg;基础需铺300mm厚戈壁垫层。

无纺布
5～20石子
φ50滤水管

审定	兴建单位		设计
审核			部分
校核			
设计			
制图			
描图	比例 1:200	图号	日期

77

2.3.7 工作任务7——堤

2.3.7.1 识读水工图实训要求

(1) 准备工作。资料齐全：堤的完整图纸及相关专业资料、模型各图片等。

(2) 实训场地。多媒体教室、绘图机房。

(3) 实训实施。教师组织进行，学生按小组或个人完成实训内容。

(4) 实训考核。教师按纪律和实训要求，根据学生表现和提交的实训成果，评定实训成绩。

2.3.7.2 工程实图

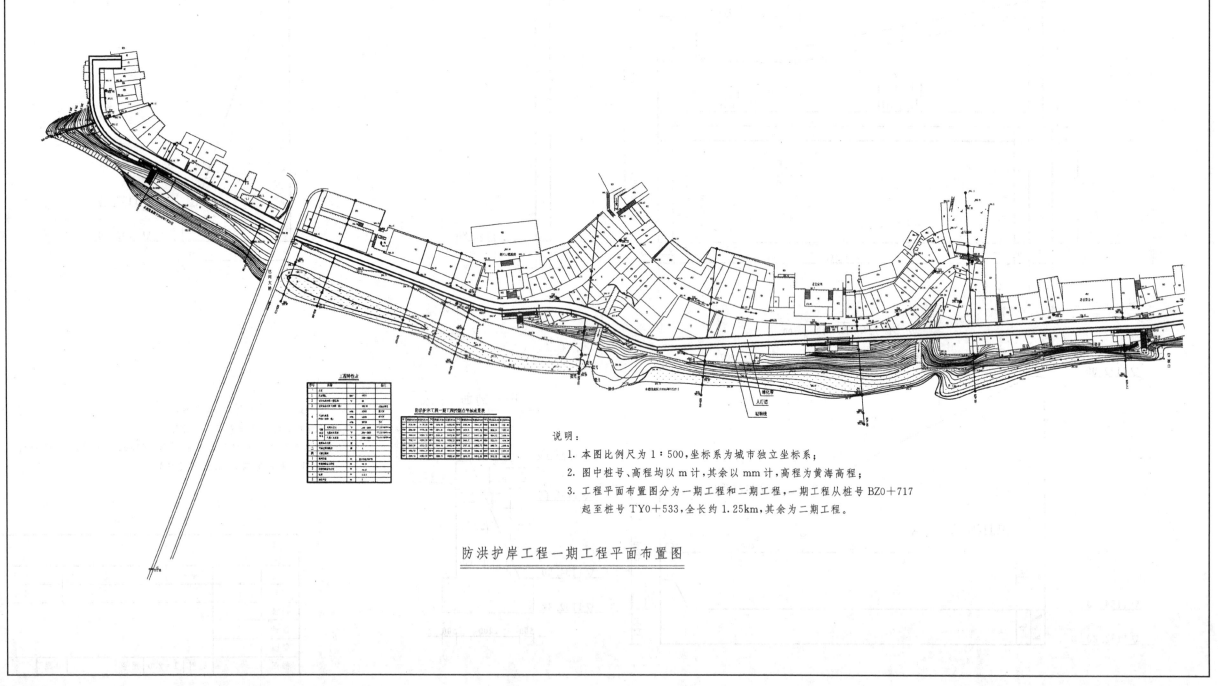

说明：

1. 本图比例尺为 1 ∶ 500，坐标系为城市独立坐标系；

2. 图中桩号、高程均以 m 计，其余以 mm 计，高程为黄海高程；

3. 工程平面布置图分为一期工程和二期工程，一期工程从桩号 BZ0＋717
起至桩号 TY0＋533，全长约 1.25km，其余为二期工程。

防洪护岸工程一期工程平面布置图

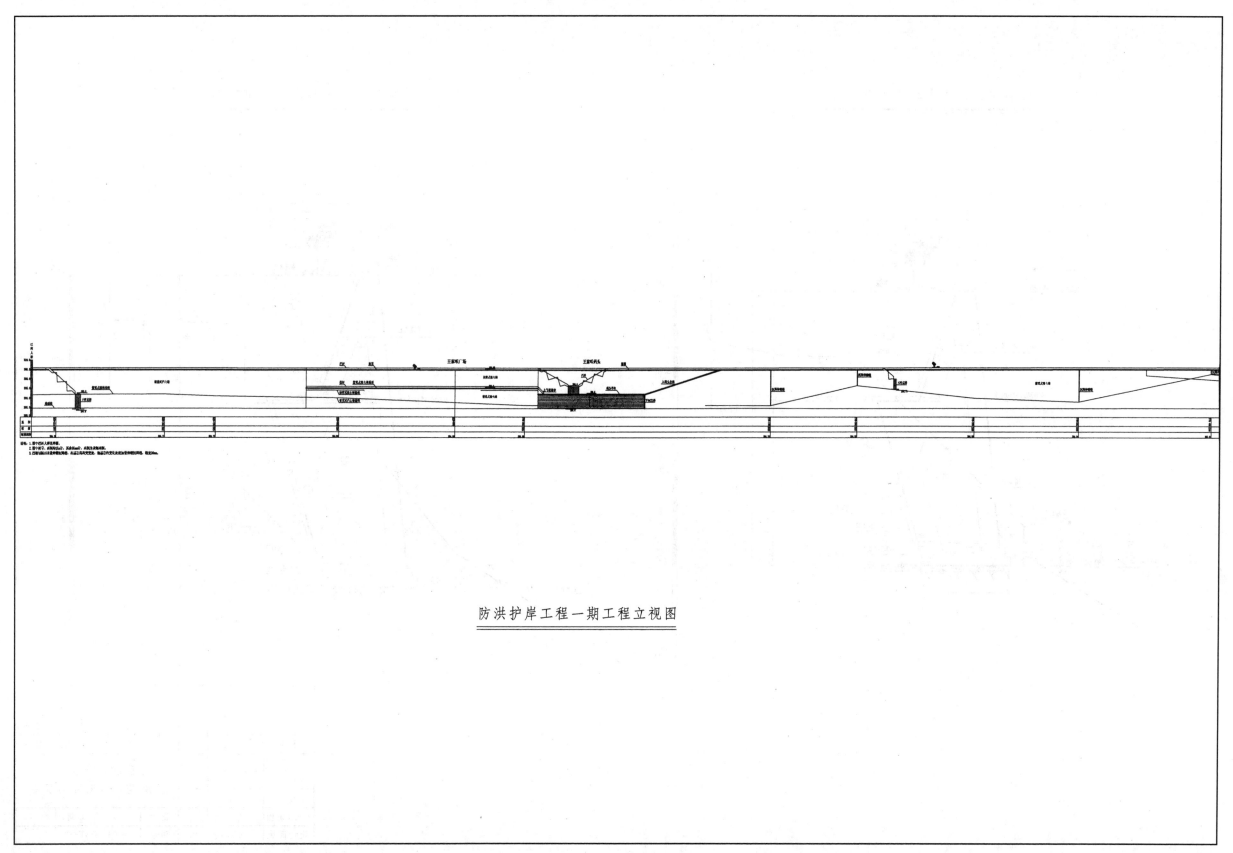

防洪护岸工程一期工程立视图

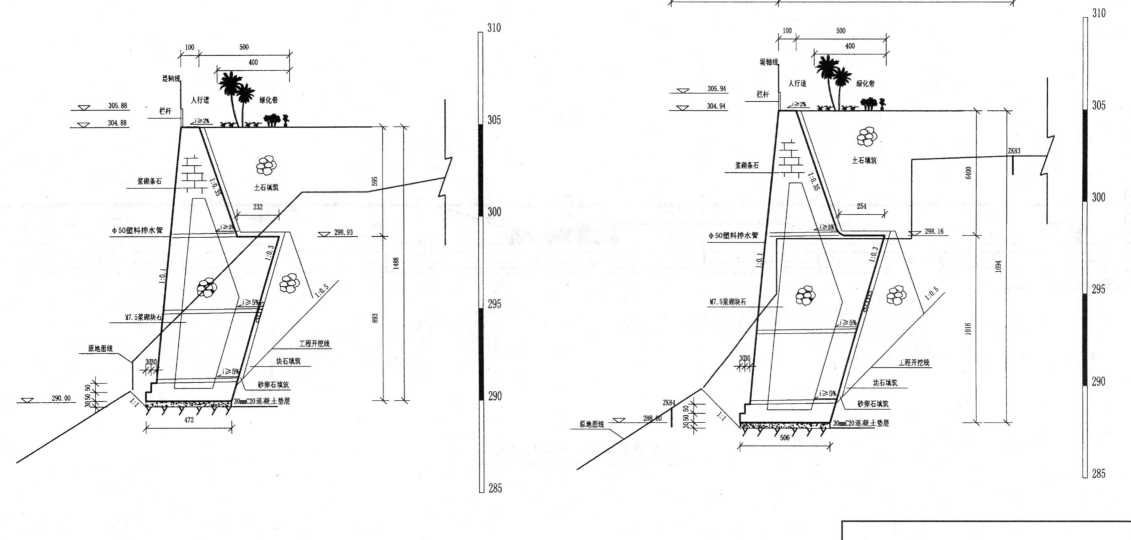

平昌县防洪堤 D28 断面剖视图

平昌县防洪堤 D29 断面剖视图

说明:

本图尺寸单位为 cm,高程单位为 m。

批准			防洪护岸工程	施设 阶段
核定				水工 部分
审查			防洪堤 D28 断面剖视图 防洪堤 D29 断面剖视图	
校核				
设计				
CAD 制图		比例		日期
设计证号		图号	平(施)PST—09	

80

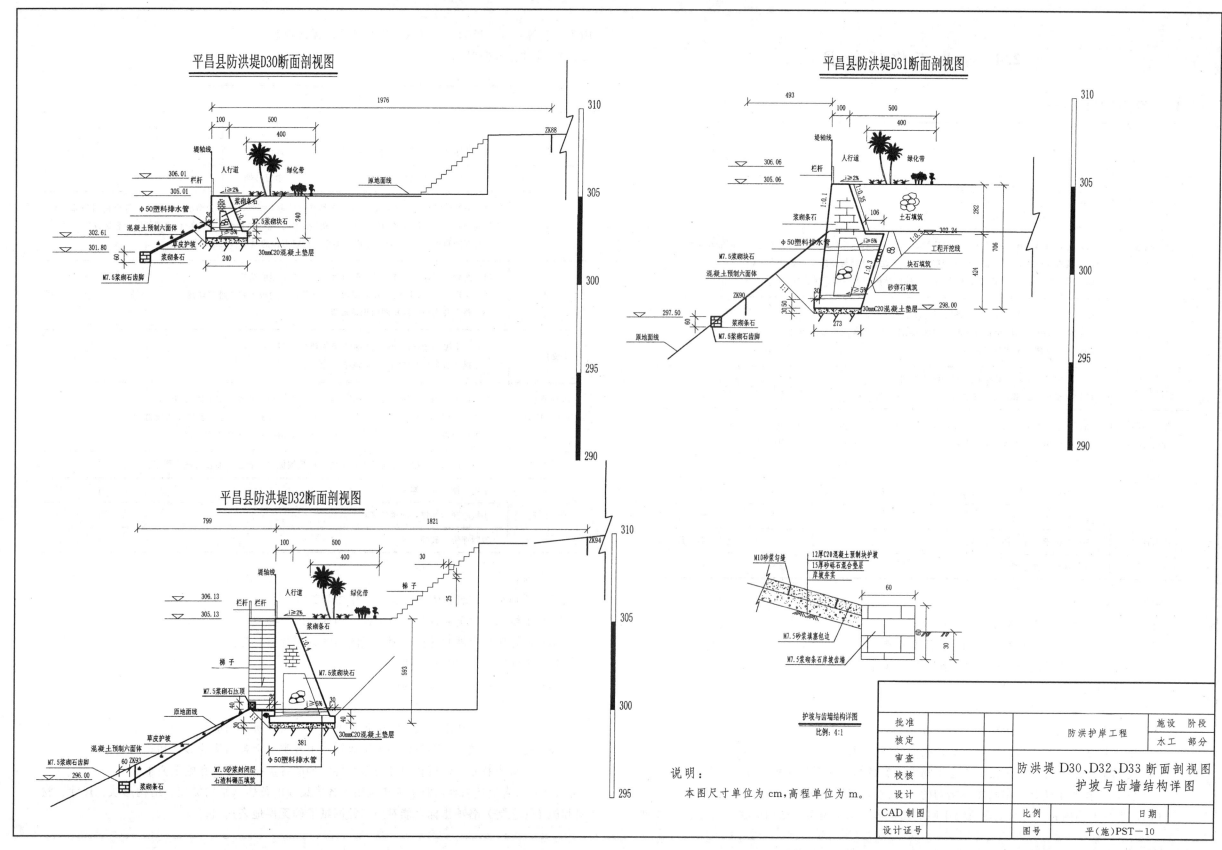

平昌县防洪堤D30断面剖视图

平昌县防洪堤D31断面剖视图

平昌县防洪堤D32断面剖视图

护坡与齿墙结构详图
比例: 4:1

说明：
本图尺寸单位为cm,高程单位为m。

批准		防洪护岸工程	施设　阶段
核定			水工　部分
审查		防洪堤D30、D32、D33断面剖视图	
校核		护坡与齿墙结构详图	
设计			
CAD制图		比例	日期
设计证号		图号	平(施)PST—10

81

2.4　学生工作任务书

2.4.1　闸类实训工作任务书

学 生 工 作 任 务 书

示课程名称	水利工程 CAD 制图	项 目	识读专业图实训
学习任务	培养识读闸类工程图的综合能力	建议学时	6
班 级		学员姓名	学习日期
学习内容 与 目标	（1）与实物模型或（图片等）对照读闸类工程图，将水闸结构图中的各个视图分部分与实物逐一对应，弄懂水闸的形状与构造，深入理解熟悉水工建筑物结构图的图示表达方法； （2）课外再用 AutoCAD 绘制出水闸指定部位结构的视图和三维实体		
学习步骤	（1）图物（图片等）与工程实图对照识读水闸结构； （2）应用 AutoCAD 绘制指定部位的水闸结构的视图和三维实体图； （3）整合水闸结构图的识读成果		
提交成果	（1）水闸指定部位结构的视图和三维实体图； （2）提交水闸的相关技术参数		
考核要点 （知识、技能、 态度）	知识：水工图中制图标准的常用规定，水工图的图示特点，水工图的识读； 技能：应用 AutoCAD 绘制水利工程图的能力，读图与绘制三维实体图的能力； 态度：刻苦学习精神、规范应用习惯、诚实守信品格、团结协作精神		
考核方式	采用面试和成果综合评定的考核方法；成绩按优秀、合格、不合格三级评定		
成绩评定	小组互评　同学签名：　　　　　　　　　　　　　　　　年　月　日		
	小组内同学互评　同学签名：　　　　　　　　　　　　　　年　月　日		
	教师评价　教师签名：　　　　　　　　　　　　　　　　　年　月　日		

实训内容：

（1）了解水工建筑物中闸类的作用与类型。

（2）了解水工建筑物中闸类各结构的作用与类型。

（3）清楚实训提供的闸类工程图的图纸配置与关系。

（4）读懂图纸上的相关说明。

（5）理顺图纸中各图形之间的关系。

（6）理解各图形的图示表达部位、表达方式和标注。

（7）找齐图示表达水工建筑物中闸类各结构的所有图形。

（8）分段、分层、分部位识读水工建筑物中闸类各结构的形状和相对位置。

（9）正确查找水工建筑物中闸类各结构的各类技术参数和施工要求。

（10）整合上述内容，对水工建筑物中闸类的整体（结构类型、结构形状、尺寸、材料和

施工工艺等）各项指标，能对照工程图纸准确无误地表达出。

2.4.2　学生工作任务书

学 生 工 作 任 务 书

课程名称	水利工程 CAD 制图	项 目	识读专业图实训
学习任务	培养识读各类型坝工程图的综合能力	建议学时	6
班 级		学员姓名	学习日期
学习内容 与 目标	（1）与实物模型或（图片等）对照读各类坝的工程图，将各类坝结构图中的各个视图分部分与实物逐一对应，弄懂各类坝的形状与构造，深入理解熟悉水工建筑物结构图的图示表达方法； （2）课外再用 AutoCAD 绘制出各类型坝指定部位的视图和三维实体		
学习步骤	（1）图物（图片等）与工程实图对照识读各类型坝的结构； （2）应用 AutoCAD 绘制各类型坝指定部位结构的视图和三维实体图； （3）整合各类型坝结构图的识读成果		
提交成果	（1）各类型坝指定部位结构的视图和三维实体图； （2）提交各类型坝的相关技术参数		
考核要点 （知识、技能、 态度）	知识：水工图中制图标准的常用规定，水工图的图示特点，水工图的识读； 技能：应用 AutoCAD 绘制水利工程图的能力，读图与绘制三维实体图的能力； 态度：刻苦学习精神、规范应用习惯、诚实守信品格、团结协作精神		
考核方式	采用面试和成果综合评定的考核方法；成绩按优秀、合格、不合格三级评定		
成绩评定	小组互评　同学签名：　　　　　　　　　　　　　　　　年　月　日		
	小组内同学互评　同学签名：　　　　　　　　　　　　　　年　月　日		
	教师评价　教师签名：　　　　　　　　　　　　　　　　　年　月　日		

实训内容：

（1）了解水工建筑物中各类型坝的作用与类型。

（2）了解水工建筑物各类型坝中各结构的作用与类型。

（3）清楚实训提供的各类型坝工程图的图纸配置与关系。

（4）读懂图纸上的相关说明。

（5）理顺图纸中各图形之间的关系。

（6）理解各图形的图示表达部位、表达方式和标注。

（7）找齐图示表达水工建筑物中各类型坝各结构的所有图形。

（8）分段、分层、分部位识读水工建筑物中各类型坝各结构的形状和相对位置。

（9）正确查找水工建筑物中各类型坝各结构的各类技术参数和施工要求。

（10）整合上述内容，对水工建筑物中各类型坝的整体（结构类型、结构形状、尺寸、材料和施工工艺等）各项指标，能对照工程图纸准确无误地表达出。

2.4.3　学生工作任务书

<table>
<tr><td colspan="4" align="center">学 生 工 作 任 务 书</td></tr>
<tr><td>课程名称</td><td>水利工程 CAD 制图</td><td>项　目</td><td>识读专业图实训</td></tr>
<tr><td>学习任务</td><td>培养识读各类泵站工程图的综合能力</td><td>建议学时</td><td>4</td></tr>
<tr><td>班　级</td><td>学员姓名</td><td>学习日期</td><td></td></tr>
<tr><td>学习内容
与
目　标</td><td colspan="3">（1）与实物模型或（图片等）对照读各类泵站的工程图，将各类泵站结构图中的各个视图分部分与实物逐一对应，弄懂各类泵站的形状与构造，深入理解熟悉水工建筑物结构图的图示表达方法；
（2）课外再用 AutoCAD 绘制出各类泵站指定部位的视图和三维实体</td></tr>
<tr><td>学习步骤</td><td colspan="3">（1）图物（图片等）与工程实图对照识读各类泵站的结构；
（2）应用 AutoCAD 绘制各类泵站指定部位结构的视图和三维实体图；
（3）整合各类泵站结构图的识读成果</td></tr>
<tr><td>提交成果</td><td colspan="3">（1）各类泵站指定部位结构的视图和三维实体图；
（2）提交各类泵站的相关技术参数</td></tr>
<tr><td>考核要点
（知识、技能、
态度）</td><td colspan="3">知识：水工图中制图标准的常用规定，水工图的图示特点，水工图的识读；
技能：应用 AutoCAD 绘制水利工程图的能力，读图与绘制三维实体图的能力；
态度：刻苦学习精神、规范应用习惯、诚实守信品格、团结协作精神</td></tr>
<tr><td>考核方式</td><td colspan="3">采用面试和成果综合评定的考核方法；成绩按优秀、合格、不合格三级评定</td></tr>
<tr><td rowspan="3">成绩评定</td><td colspan="3">小组互评　同学签名：　　　　　　　　　　　　　　　　　　年　月　日</td></tr>
<tr><td colspan="3">小组内同学互评　同学签名：　　　　　　　　　　　　　　　年　月　日</td></tr>
<tr><td colspan="3">教师评价　教师签名：　　　　　　　　　　　　　　　　　　年　月　日</td></tr>
</table>

实训内容：

（1）了解水工建筑物中各类泵站的作用与类型。

（2）了解水工建筑物中各类泵站各结构的作用与类型。

（3）清楚实训提供的各类泵站工程图的图纸配置与关系。

（4）读懂图纸上的相关说明。

（5）理顺图纸中各图形之间的关系。

（6）理解各图形的图示表达部位、表达方式和标注。

（7）找齐图示表达水工建筑物中各类泵站各结构的所有图形。

（8）分段、分层、分部位识读水工建筑物中各类泵站各结构的形状和相对位置。

（9）正确查找水工建筑物中各类泵站各结构的各类技术参数和施工要求。

（10）整合上述内容，对水工建筑物中各类泵站的整体（结构类型、结构形状、尺寸、材料和施工工艺等）各项指标，能对照工程图纸准确无误地表达出。

2.4.4　学生工作任务书

<table>
<tr><td colspan="4" align="center">学 生 工 作 任 务 书</td></tr>
<tr><td>课程名称</td><td>水利工程 CAD 制图</td><td>项　目</td><td>识读专业图实训</td></tr>
<tr><td>学习任务</td><td>培养识读渡槽和倒虹吸工程图的综合能力</td><td>建议学时</td><td>4</td></tr>
<tr><td>班　级</td><td>学员姓名</td><td>学习日期</td><td></td></tr>
<tr><td>学习内容
与
目　标</td><td colspan="3">（1）与实物模型或（图片等）对照读渡槽和倒虹吸的工程图，将渡槽和倒虹吸结构图中的各个视图分部分与实物逐一对应，弄懂渡槽和倒虹吸的形状与构造，深入理解熟悉水工建筑物结构图的图示表达方法；
（2）课外再用 AutoCAD 绘制出各种渡槽和倒虹吸指定部位的视图和三维实体</td></tr>
<tr><td>学习步骤</td><td colspan="3">（1）图物（图片等）与工程实图对照识读各种渡槽和倒虹吸的结构；
（2）应用 AutoCAD 绘制各种渡槽和倒虹吸指定部位结构的视图和三维实体图；
（3）整合各种渡槽和倒虹吸结构图的识读成果</td></tr>
<tr><td>提交成果</td><td colspan="3">（1）各种渡槽和倒虹吸指定部位结构的视图和三维实体图；
（2）提交各种渡槽和倒虹吸的相关技术参数</td></tr>
<tr><td>考核要点
（知识、技能、
态度）</td><td colspan="3">知识：水工图和制图标准的常用规定，水工图的图示特点，水工图的识读；
技能：应用 AutoCAD 绘制水利工程图的能力，读图与绘制三维实体图的能力；
态度：刻苦学习精神、规范应用习惯、诚实守信品格、团结协作精神</td></tr>
<tr><td>考核方式</td><td colspan="3">采用面试和成果综合评定的考核方法；成绩按优秀、合格、不合格三级评定</td></tr>
<tr><td rowspan="3">成绩评定</td><td colspan="3">小组互评　同学签名：　　　　　　　　　　　　　　　　　　年　月　日</td></tr>
<tr><td colspan="3">小组内同学互评　同学签名：　　　　　　　　　　　　　　　年　月　日</td></tr>
<tr><td colspan="3">教师评价　教师签名：　　　　　　　　　　　　　　　　　　年　月　日</td></tr>
</table>

实训内容：

（1）了解水工建筑物中渡槽和倒虹吸的作用与类型。

（2）了解水工建筑物中渡槽和倒虹吸各结构的作用与类型。

（3）清楚实训提供的渡槽和倒虹吸工程图的图纸配置与关系。

（4）读懂图纸上的相关说明。

（5）理顺图纸中各图形之间的关系。

（6）理解各图形的图示表达部位、表达方式和标注。

（7）找齐图示表达水工建筑物中渡槽和倒虹吸各结构的所有图形。

（8）分段、分层、分部位识读水工建筑物中渡槽和倒虹吸各结构的形状和相对位置。

（9）正确查找水工建筑物中渡槽和倒虹吸各结构的各类技术参数和施工要求。

（10）整合上述内容，对水工建筑物中渡槽和倒虹吸的整体（结构类型、结构形状、尺寸、材料和施工工艺等）各项指标，能对照工程图纸准确无误地表达出。

2.4.5 学生工作任务书

学生工作任务书

课程名称	水利工程CAD制图	项目	识读专业图实训
学习任务	培养识读各类桥工程图的综合能力	建议学时	2
班级	学员姓名		学习日期

学习内容与目标	(1)与实物模型或（图片等）对照读各类桥的工程图，将各类桥结构图中的各个视图分部分与实物逐一对应，弄懂各类桥的形状与构造，深入理解熟悉水工建筑物结构图的图示表达方法； (2)课外再用AutoCAD绘制出各类桥指定部位的视图和三维实体
学习步骤	(1)图物（图片等）与工程实图对照识读各类桥的结构； (2)应用AutoCAD绘制各类桥指定部位结构的视图和三维实体图； (3)整合各类桥结构图的识读成果
提交成果	(1)各类桥指定部位结构的视图和三维实体图； (2)提交各类桥的相关技术参数
考核要点（知识、技能、态度）	知识：水工图中制图标准的常用规定，水工图的图示特点，水工图的识读； 技能：应用AutoCAD绘制水利工程图的能力，读图与绘制三维实体图的能力； 态度：刻苦学习精神、规范应用习惯、诚实守信品格、团结协作精神
考核方式	采用面试和成果综合评定的考核方法；成绩按优秀、合格、不合格三级评定
成绩评定	小组互评　同学签名：　　　　　　　　　　　　年　月　日 小组内同学互评　同学签名：　　　　　　　　　年　月　日 教师评价　教师签名：　　　　　　　　　　　　年　月　日

实训内容：

(1) 了解水工建筑物中桥类的作用与类型。

(2) 了解水工建筑物中桥类中各结构的作用与类型。

(3) 清楚实训提供的桥类工程图的图纸配置与关系。

(4) 读懂图纸上的相关说明。

(5) 理顺图纸中各图形之间的关系。

(6) 理解各图形的图示表达部位、表达方式和标注。

(7) 找齐图示表达水工建筑物中桥类各结构的所有图形。

(8) 分段、分层、分部位识读水工建筑物中桥类各结构的形状和相对位置。

(9) 正确查找水工建筑物中桥类各结构的各类技术参数和施工要求。

(10) 整合上述内容，对水工建筑物中桥类的整体（结构类型、结构形状、尺寸、材料和施工工艺等）各项指标，能对照工程图纸准确无误地表达出来。

2.4.6 学生工作任务书

学生工作任务书

课程名称	水利工程CAD制图	项目	识读专业图实训
学习任务	培养识读跌水工程图的综合能力	建议学时	2
班级	学员姓名		学习日期

学习内容与目标	(1)与实物模型或（图片等）对照读跌水的工程图，将跌水结构图中的各个视图分部分与实物逐一对应，弄懂跌水的形状与构造，深入理解熟悉水工建筑物结构图的图示表达方法； (2)课外再用AutoCAD绘制跌水指定部位的视图和三维实体
学习步骤	(1)图物（图片等）与工程实图对照识读跌水的结构； (2)应用AutoCAD绘制跌水指定部位结构的视图和三维实体图； (3)整合跌水结构图的识读成果
提交成果	(1)跌水指定部位结构的视图和三维实体图； (2)提交跌水的相关技术参数
考核要点（知识、技能、态度）	知识：水工图中制图标准的常用规定，水工图的图示特点，水工图的识读； 技能：应用AutoCAD绘制水利工程图的能力，读图与绘制三维实体图的能力； 态度：刻苦学习精神、规范应用习惯、诚实守信品格、团结协作精神
考核方式	采用面试和成果综合评定的考核方法；成绩按优秀、合格、不合格三级评定
成绩评定	小组互评　同学签名：　　　　　　　　　　　　年　月　日 小组内同学互评　同学签名：　　　　　　　　　年　月　日 教师评价　教师签名：　　　　　　　　　　　　年　月　日

实训内容：

(1) 了解水工建筑物中跌水的作用与类型。

(2) 了解水工建筑物中跌水中各结构的作用与类型。

(3) 清楚实训提供的跌水工程图的图纸配置与关系。

(4) 读懂图纸上的相关说明。

(5) 理顺图纸中各图形之间的关系。

(6) 理解各图形的图示表达部位、表达方式和标注。

(7) 找齐图示表达水工建筑物中跌水各结构的所有图形。

(8) 分段、分层、分部位识读水工建筑物中跌水各结构的形状和相对位置。

(9) 正确查找水工建筑物中跌水各结构的各类技术参数和施工要求。

(10) 整合上述内容，对水工建筑物中跌水的整体（结构类型、结构形状、尺寸、材料和施工工艺等）各项指标，能对照工程图纸准确无误地表达出来。

学 生 工 作 任 务 书

课程名称	水利工程 CAD 制图	项　目	识读专业图实训
学习任务	培养识读堤防工程图的综合能力	建议学时	2
班　级	学员姓名	学习日期	
学习内容 与 目标	（1）与实物模型或（图片等）对照读堤防的工程图，将堤防结构图中的各个视图分部分与实物逐一对应，弄懂堤防的断面形状与构造，深入理解熟悉水工建筑物结构图的图示表达方法； （2）课外再用 AutoCAD 绘制出指定堤防位置的视图和三维实体		
学习步骤	（1）图物（图片等）与工程实图对照识读堤防的结构； （2）应用 AutoCAD 绘制堤防指定位置结构的视图和三维实体图； （3）整合堤防结构图的识读成果		
提交成果	（1）堤防指定位置结构的视图和三维实体图； （2）提交堤防的相关技术参数		
考核要点 （知识、技能、 态度）	知识：水工图中制图标准的常用规定，水工图的图示特点，水工图的识读； 技能：应用 AutoCAD 绘制水利工程图的能力，读图与绘制三维实体图的能力； 态度：刻苦学习精神、规范应用习惯、诚实守信品格、团结协作精神		
考核方式	采用面试和成果综合评定的考核方法；成绩按优秀、合格、不合格三级评定		
成绩评定	小组互评　同学签名：　　　　　　　　　　　年　月　日		
	小组内同学互评　同学签名：　　　　　　　　年　月　日		
	教师评价　教师签名：　　　　　　　　　　　年　月　日		

实训内容：

（1）了解水工建筑物中堤类的作用与类型。

（2）了解水工建筑物中堤类各结构的作用与类型。

（3）清楚实训提供的堤类工程图的图纸配置与关系。

（4）读懂图纸上的相关说明。

（5）理顺图纸中各图形之间的关系。

（6）理解各图形的图示表达部位、表达方式和标注。

（7）找齐图示表达水工建筑物中堤类各结构的所有图形。

（8）分段、分层、分部位识读水工建筑物中堤类各结构的形状和相对位置。

（9）正确查找水工建筑物中堤类各结构的各类技术参数和施工要求。

（10）整合上述内容，对水工建筑物中堤类的整体（结构类型、结构形状、尺寸、材料和施工工艺等）各项指标，能对照工程图纸准确无误地表达出。